兰州大学教材建设基金资助

兰州大学外国语学院出版经费资助

甘肃省大学外语教学研究会"大学外语教学与研究文库"丛书

计算机辅助翻译
理论、技巧与实践

Theories, Skills and Practices of Computer-aided Translation

柴 橚 张 敏 赵燕凤 ◎主编

中国社会科学出版社

图书在版编目(CIP)数据

计算机辅助翻译理论、技巧与实践/柴櫹,张敏,赵燕凤主编. —北京：中国社会科学出版社，2024.4

(甘肃省大学外语教学研究会"大学外语教学与研究文库"丛书)

ISBN 978 - 7 - 5227 - 3421 - 7

Ⅰ.①计… Ⅱ.①柴…②张…③赵… Ⅲ.①自动翻译系统—研究 Ⅳ.①TP391.2

中国国家版本馆 CIP 数据核字(2024)第 074042 号

出 版 人	赵剑英	
责任编辑	张　湉	
责任校对	姜志菊	
责任印制	李寡寡	

出　　版	中国社会科学出版社	
社　　址	北京鼓楼西大街甲 158 号	
邮　　编	100720	
网　　址	http://www.csspw.cn	
发 行 部	010 - 84083685	
门 市 部	010 - 84029450	
经　　销	新华书店及其他书店	

印　　刷	北京明恒达印务有限公司	
装　　订	廊坊市广阳区广增装订厂	
版　　次	2024 年 4 月第 1 版	
印　　次	2024 年 4 月第 1 次印刷	

开　　本	710 × 1000　1/16	
印　　张	19	
插　　页	2	
字　　数	296 千字	
定　　价	108.00 元	

甘肃省大学外语教学研究会
"大学外语教学与研究文库" 丛书

主　　编 柴　櫵　张　敏　赵燕凤

副 主 编 马鹏飞　蔡雨辰

编 委 会（按汉语拼音排序）

　　　　　白雪洁　摆玉萍　陈玉洪　丁旭辉　杜翠琴

　　　　　樊林洲　郭志友　李路含　梁　潇　刘　珊

　　　　　刘雪岚　芦元琪　路东平　王朝政　王泽皓

　　　　　翁少珺　吴祖航　徐　洋　杨馥先　袁洪庚

　　　　　张钰洁　朱　刚　朱文睿

序　言

　　2022 年，国家工业和信息化部在"新时代工业和信息化发展"系列主题新闻发布会上指出，新一代信息技术产业是国民经济的战略性、基础性和先导性产业。近十年来，这一产业赋能、赋值、赋智作用愈益显著，面向各领域应用场景的软件产品和解决方案也不断涌现。翻译行业，尤其是计算机辅助翻译，作为其最大的受惠者之一，"当风轻借力"，迎来了新的发展着力点。据中国翻译协会发布的《2022 中国翻译及语言服务行业发展报告》显示，我国人工智能技术在翻译领域的应用日益广泛，开设机器翻译与人工智能业务的企业达 252 家之多。在此背景下，国家对于复合型、技术型翻译人才的需求与日俱增。

　　当前开设计算机辅助翻译相关课程的高校不在少数，与之配套的教材建设方兴未艾，普遍存在泛谈步骤和技巧、轻忽概念与原理、脱离实际翻译生产环境等流弊，致使学生难以摆脱对计算机辅助翻译的固有偏见，过分高估其复杂程度，心生怯意。有鉴于此，编者以往昔的研究成果与教学经验为基础，撰写此教材，略陈管见，为我国翻译技术领域的课程建设与人才培养聊致微劳。

　　《计算机辅助翻译理论、技巧与实践》具有以下特点：

　　承接性：教材逻辑明畅，五大模块环环相扣。绪论和第一章构建整体认知，打稳基础，把握相关概念、背景、现状与趋势；第二、三章围绕术语库和记忆库两大计算机辅助翻译的核心要素，对译前准备工作深入讲解；第四、五、六章以业界较为成熟的技术与工具——Déjà Vu X3、Trados Studio 2021 和云译客为例，对计算机辅助翻译过程展开详细探讨；第七章聚焦译后编辑与质量保证。

广博性与精深性：高屋建瓴构筑计算机辅助翻译学科分支框架，涉猎广泛，理论与实践相融、概念阐释与技能操作兼顾。除着重介绍三大代表性翻译工具外，亦演示诸多针对本地化、术语抽取、语料对齐、译后编辑、人工智能等工作的相关工具，做到"面面俱到"与"深入显出"相衡。

素质培养：充分考虑信息技术的发展韧性和软件的迭代更新，通过原理阐释"通晓天下道理"，对比分析多种技术工具，"因事制宜，择善而从"，培养学生的独立探索精神与批判性评价能力。

本教材系中国高等教育学会 2022 年度高等教育科学研究规划课题"'四史'教育背景下的翻译专业课程思政元素设计与研究"［22WY0409］、中国外语战略研究中心 2023 年度"世界语言与文化研究"课题"人工智能背景下的英语专业翻译类课程建设与研究"［WYZL2023GS0001］的阶段性成果。

在本教材的编撰过程中，兰州大学外国语学院袁洪庚、丁旭辉、陈玉洪、甘肃省教育考试院马鹏飞等学者、专家贡献了诸多善策良见，另有 RWS 集团、西安迪佳悟信息技术有限公司、传神语联网网络科技股份有限公司在翻译技术方面的鼎力支持，使编者受益匪浅，在此深表谢忱。

衷心感谢中国社会科学出版社诸位同仁鼎力相助，玉成此书。管见之得，难免瑕百瑜一。望各位同侪、读者不吝珠玉，以便日后修正，使教材臻于完善。

编者谨识

2024 年 4 月于兰州大学　茸龙斋

目　录

绪　　论

信息技术的飞速发展和全球化浪潮的不断推进为我国的翻译事业发展注入无穷的活力与无限可能。在此背景下，计算机辅助翻译（Computer-aided Translation，CAT）技术的繁荣发展破除了传统翻译所面临的诸多桎梏与局限。其技术覆涵之广、关涉之深、影响之巨，俨然成为了时代译者的一门必修课。

一　计算机辅助翻译概述

个人计算机的出现通常被视为传统翻译与现代翻译的分野。在个人计算机出现之前，传统翻译凭借纸笔完成，完全依赖人类译者，而译者则受制于主观性思维理念、个人素质差异和人体生理限制等方面（彭炳等，2021：95—96），导致传统翻译存在诸多局限与不足。

首先，传统翻译耗费的时间成本较高，对人力、物力资源的有效利用率相对偏低。在译前阶段，译者需要耗费大量时间对翻译信息甄辨、学习与整合。例如，术语通常运用于特定专业领域，业外人士理解存在一定难度，难以在短时间内熟练掌握。在译中阶段，即便待译文本与已译文本、项目相似度极高，译者仍需重复劳动；因项目庞大，团队之间的分工、协作，线下沟通与交流的过程对人力、时间的消耗亦不在少数。同时，传统译后编辑（Post-Editing）工作均由人工完成，不仅效率低，资源浪费等问题也在所难免。

其次，传统翻译的不确定性与主观性。人工翻译的质量很大程度上依赖于译者的综合素养，而译者在计算机应用、双语技能、翻译水平、知识储备、团队合作、人际沟通等多方面的表现千差万别，必然导致产出的译文质量良莠不齐。只有综合素养较高的译者，才能提供兼具准确性、可读性及审美性的理想译文。即便如此，翻译结果也会受到思维观念、价值取向和情绪状态等主观因素的影响。特别对于篇幅较长的文本，翻译工作的时间跨度大，译者期间可能受到的干扰较多，有时甚至遭遇"中途换人"的情况，造成译文中的不同部分在质量、风格甚至水平上存在较大差异、连贯性欠佳、术语不一致等流弊。

第三，传统翻译难以适应互联网时代的行业需求。英国著名语言学家约翰·哈钦斯（John Hutchins，2005：3）指出，对现代翻译的质量需求大致可分为四类：一是宣传型（Dissemination）：翻译质量需达到"可发表"的水准，经得起读者的"审查"与推敲；二是理解型（Assimilation）：译文具有可理解性，能够在读者浏览、搜集信息的过程中提供参考；三是交互型（Interchange）：译文能够满足双方以信件、电子邮件、电话、短信等方式快速获取信息的需要，顺利达成交际目的；四是数据获取型（Database access）：译文能够帮助用户从外文数据库中获取信息，且此过程不受用户对译文理解程度的影响。由此可知，现代翻译行业对于译文的质量需求与其应用环境紧密相关，只关注"文本"而脱离语境的传统翻译难以企及业内的新标准、新期望。此外，当前翻译行业的市场需求呈现专业性强、交付周期短、任务量大等特征。没有现代翻译技术的加持，人工译员自然力不从心。

（一）简介

1. 定义

信息技术与翻译结合为翻译领域提供新契机。基于人工智能技术的机器翻译通过能力模仿，在翻译实践中扮演着愈发重要的角色，并与传统翻译过程中的主体——译员，共同完成翻译任务。根据二者在翻译过程中角色、作用的差异，构成了不同的结合模式，衍生出多个与计算机辅助翻译相关的概念。这主要包括机器翻译（Machine Translation，MT）、机器辅助人工翻译（Machine-aided/assisted Human Trans-lation，MAHT）和人工辅助机器翻译（Human-aided/assisted Machine Translation，MAMT）。这些概念既互相交叉，又相互区别：机器翻译一般指不需要人工干预的自动翻译系统（Juan C. Sager，1994：326）；机器辅助人工翻译则指由译员运用各类计算机工具完成翻译任务，在此过程中，译员起主导作用；人工辅助机器翻译则强调机器的主体地位，计算机负责生成翻译文本，但整个翻译流程的各个阶段，需要人工的介入与监督。

无论翻译主体是人工还是计算机，只要翻译过程存在机器参与，都可以称为计算机辅助翻译。广义上的计算机辅助翻译是所有能够辅助译员进行翻译的信息技术的统称，包括译前的编码处理、可译资源提取、字数统计、任务分析、术语提取等；译中的片段复用、搜索验证、术语识别、进度监控等；译后的格式转换、模糊匹配、自动化质量保证、语言资产管理等，以及语料自动对齐、机器翻译、语音输入、语音翻译等技术。狭义范畴而言，计算机辅助翻译专指计算机辅助翻译软件，包括翻译记忆工具、术语管理工具等（王华树，2014：93）。

2. 发展历程

20 世纪 40 年代，英国工程师安德鲁·唐纳德·布思（Andrew Donald Booth）和美国洛克菲勒基金会（the Rockefeller Foundation）副总裁瓦伦·韦弗（Warren Weaver）首次提出使用计算机自动翻译。1954 年，美国乔治敦大学（Georgetown University）和国际商业机器公司（International Business Machines Corporation，IBM）共同开展英俄翻译实验，认为机器翻译过程只需对词汇量和语法规则加以扩充便可完成，然而因其实际效果不尽如人意，该项目于 1963 年被当局叫停。1964 年，美国科学院成立了语言自动处理咨询委员会（Automated Language Processing Advisory Committee，ALPAC），对机器翻译的研究情况展开调研，并于 1966 年公布了题为《语言与机器：电脑在翻译和语言学中的应用》（*Language and Machines：Computers in Translation and Linguistics*）的研究报告。报告指出，机器翻译效率缓慢、译文不准确，且成本是人工翻译的两倍。更重要的是，机器翻译在未来短期内的市场需求并不显著，发展前景亦不明朗，而"电脑辅助翻译可能是让翻译更好、更快，让翻译成本更低廉的一个重要途径"（ALPAC，1966：32）。这一结果公布后，全球范围内机器翻译研究大幅减少，计算机辅助翻译逐渐成为新的研究热点。

计算机辅助翻译发展至今已有五十余载，可大致划分为四个阶段：1967—1983 年萌芽期；1984—1992 年稳定发展期；1993—2002 年迅速发展期；2003 年至今全球发展期。（陈善伟，2014：1）

（1）萌芽期（1967—1983）

计算机辅助翻译这一概念最早可追溯至 20 世纪 60 年代。艾伦·肯尼斯·梅尔拜（Alan Kenneth Melby）、彼得·阿芬恩（Peter J. Arthern）和马丁·凯（Martin Kay）三位学者在这一时期发挥了重要作用。1978年，梅尔拜在杨百翰大学（Brigham Young University）研究机器翻译和开发交互式翻译系统（Interactive Translation System）时，将"翻译记忆"（Translation Memory，TM）融入"重复处理"（Repetitions Processing）工具，寻找匹配字符串。（Melby，1978：39—40）随后，阿芬恩（1979：80—97）提出利用计算机"文本检索翻译"（Translation by Text-retrieval）的方法进行实践。

1980 年，凯在《人与机器在语言翻译中的恰当位置》中提出了"译员工作站"（translators workstation）的概念。凯指出，计算机虽然可以应用于翻译领域，进行自动化机器翻译，但其效果不尽人意，应借鉴其他领域的成功经验，开发一套人机协作的专业系统。同时，凯还提出了"译员抄写员"（translator's amanuensis）概念，就是说，计算机可以在翻译过程中替代人类完成一些与翻译关联性较弱的工作，并逐渐过渡到翻译过程本身。这一概念对于彼时的计算机辅助翻译研究具有重要启示，成为现今译员工作台雏形。（Kay，1997：3）1982年，梅尔拜（215—219）提出，设计多层次计算机辅助翻译系统：第一层负责基本文字处理、术语管理；第二层提供术语检索及参考译文；第三层翻译工具更趋向成熟、智能，包括全自动的机器翻译。翻译人员可根据需要修订机器产出的译文，并向系统反馈结果。凯与梅尔拜的这一设想启发了日后相关领域研究，业内人士开始致力于研究译者工作台（translator working station）以及受控语言、受限专业系统方面的研究开发工作，并对翻译组件在多语信息系统中的应用问题展开探讨。

（2）稳定发展期（1984—1992）

1984 年，世界上最早的两家计算机辅助翻译公司——德国塔多思公司（Trados GmbH）与瑞士 STAR 集团（STAR Group）相继成立。塔多思公司成立之初，主要为 IBM 公司提供翻译项目服务，STAR 集团则结合信息科技与自动化，为客户提供人工翻译等服务。到 1988 年，一批具有翻译记忆功能的工具和软件正式进入市场，标志着计算机辅助翻译系统逐渐商业化。当时 IBM 日本分公司的隅田英一郎（Eiichiro Sumita）和堤丰（Yutaka Tsutsumi）发布了 Easy TO Consult（ETOC）工具，本质是一款升级版的电子词典。传统电子词典只能查找单词，无法查询包含两个及以上单词的短语或句子，而 ETOC 为用户提供灵活的解决方案：将待查询的句子输入后，系统可在词典库进行相关检索。若匹配无果，ETOC 将进一步对句子的语法加以分析，随后比对该句型与词典库中的双语语料，找出结构相同的句子。译者只需将选定的译文复制到编辑器中修改即可。（陈善伟，2014：5）可以看出，ETOC 显然已具备了"翻译记忆"的基本特征。同年，塔多思公司开发出文本编辑器（Translator Editor，TED），成为首批商业化翻译记忆工具，此后于 1990 年发布术语库 MultiTerm。这是首款将磁盘操作系统（Disk Operating System，DOS）储存于记忆的多语术语管理工具。瑞士 STAR 集团则于 1991 年面向全球发行了 Transit 1.0 32 位磁盘操作系统。

1992 年，各国翻译软件飞速发展，标志着计算机辅助翻译迈入区域扩展阶段：其一，塔多思公司发布了计算机辅助翻译系统 Translator's Workbench I 以及 DOS 版的 Translator's Workbench II。其副总裁马赛厄斯·海恩（Matthias Heyn）创造出市场上第一款对齐工具 Trados T Align，即日后大名鼎鼎的 WinAlign。其二，IBM 公司发布 Translation Manager/2（TM/2），除拥有独立的编辑器之外，它还具备通过模糊搜寻算法从翻译库中提取数据的翻译记忆功能。（Colin，1993）其三，俄罗斯电脑语言学专家斯韦特兰娜·索科洛娃（Svetlana Sokolova）和亚历山大·谢列布里亚科夫（Alexander Serebryakov）于 1991 年创建 Promt 公司，研发机器翻译技术的同时提供机器翻译系统、数据挖掘系统等解决方案。其四，英国成立两家翻译软件公司——提供软件全球化服务的 SDL 国际有限公司和专门从事阿拉伯语翻译软件研发的 ATA 软件技术有限公司。

（3）迅速发展期（1993—2002）

这一时期计算机辅助翻译主要呈现以下三项特征：

首先，商用计算机辅助翻译系统的数量不断攀升，其增长速度比之前翻了六翻，市场上出现近 20 款计算机辅助翻译系统，包括当今广为人知的 Déjà Vu、WordFisher、SDLX、雅信 CAT、Wordfast、Across、OmegaT、华建、Heartsome 及译经。

其次，系统内置功能更加丰富。第一阶段和第二阶段的计算机辅助翻译系统通常只配有基础组件，如翻译记忆、术语管理及翻译编辑器。第三阶段则开发出更多功能并逐渐嵌入计算机辅助翻译系统。其中，对齐、机器翻译及项目管理工具在所有新开发功能中最值得关注。IBM 公司的 Translation Manager 引入基于逻辑的机器翻译（Logic-based Machine Translation）功能，适用于大型机器及 RS/6000 UNIX 系统；Eurolang Optimizer 引入项目管理功能，旨在优化对多语言、多用户的翻译记忆库和术语数据库的管理模式。

其三，翻译系统所支持的文件格式和语言种类日益增多。这一阶段的计算机辅助翻译系统可以直接或间接通过过滤器（Filter）处理更多的文件格式，支持 Adobe InDesign、FrameMaker、HTML、Excel、Word、QuarkXPress 等等。例如，IBM 公司的 TM/2 支持 19 种语言，包括汉语、韩语和其他 OS/2 兼容的编码字符集。这很大程度上归功于 1994 年开发的统一码（Unicode 3.0），它为任何语言在所有现代软

件的文本数据处理、存储和交换提供了依据，帮助计算机辅助翻译系统开发商解决语言处理上的障碍。（陈善伟，2014：14）

（4）全球发展期（2003—至今）

进入 21 世纪，越来越多的计算机辅助翻译工具不断涌现，各大公司纷纷推出计算机辅助翻译工具新版本。塔多思公司于 2003 年 4 月和 10 月发布 Trados 6.0 版本和 Trados 6.5 版本，具备自动用语检索、支持 Microsoft Word 2003 及访问互联网翻译记忆服务器等全新功能。法国 Atril 公司陆续发布 Déjà Vu X 标准版（Standard）、专业版（Professional）、工作组版（Workgroup）及术语服务器版（Term Server）。2004 年，三位匈牙利语言学家巴拉兹·基斯（Balázs Kis）、伊斯特万·伦杰尔（István Lengyel）和加博尔·格赖（Gábor Ugray）成立了 Kilgray 翻译技术公司，并于 2005 年推出嵌入本地化服务环境的计算机辅助翻译软件 memoQ。此外，日本 Rozetta Corporation、英国 ATA 公司、美国 SYSTRAN 公司陆续发布 TraTool、Systran Professional Premium 5.0 等计算机辅助翻译系统，极大满足了翻译市场用户的多样化需求。反观国内，华建公司于 2005 年 6 月发布华建多语 IAT 网络版，10 月发布华建 IAT（俄语—汉语）单机版。同年 7 月，北京东方雅信软件技术有限公司发布雅信 CATS 2.0，该软件包括雅信 CAT 3.5、雅信 CAM、服务器、词典、翻译记忆库维护和实例库。2009 年 11 月，佛山市雪人计算机有限公司发布雪人 1.0 版，因其用户界面友好以及系统操作简易，广受市场欢迎。（陈善伟，2014：18）

2010 年以后，翻译市场迭代明显加速，计算机辅助翻译功能愈发全面，呈现出如下发展趋势：

与 Windows 系统和 Microsoft Office 之间的兼容性进一步加强。目前市场上的六十余种商用翻译软件绝大多数都可以在 Windows 操作系统运行。许多计算机辅助翻译软件为保证良好的兼容性，均紧跟 Windows 和 Microsoft Office 的软件更新。

翻译工作流程被整合到计算机辅助翻译系统之中。除对重复性文本和文本术语的翻译循环使用外，在此期间开发的系统增添某些全新功能，如项目管理、拼写检查、质量保证和内容控制。以 Trados Studio 2021 为例，该版本除了能够为大多数语言进行拼写检查外，还配备了 Perfect Match 对源语言（Source Language，SL）文件进行追踪修订。

利用网络或在线系统。大多数计算机辅助翻译系统开始以服务器、网络甚至云端为基础，数据存储量不断扩大。

采用计算机辅助翻译系统新格式。不同计算机辅助翻译系统往往在格式上有所差异，不能相互识别，导致系统之间的数据交换程序繁琐、效率降低，难以实现数据共享。为了解决这一问题，国际本地化行业标准协会制定了各种文件交换标准，如断句规则交换标准（Segmentation Rule eXchange，SRX）、翻译记忆交换标准（Translation Memory eXchange，TMX）、术语库交换标准（Term-base eXchange，TBX）以及 XML 本地化数据交换格式（XML Localization Interchange File Format，XLIFF)[①] 等。

总之，在短短数十年间，计算机辅助翻译已经完全改变了传统翻译模式，其强大的内置功能大大优化了翻译流程，成为语言服务行业广大从业者的得力助手，为推动全球范围内的信息交流做出了传统翻译难以企及的贡献。

（二）主要功能

在如今"效率至上"的产业化时代背景下，计算机辅助翻译工具能够仿效译者的行为方式和翻译水平，通过智能化的系统运作，帮助译者实现集体翻译和译文循环利用等目标。其主要功能包括编辑、翻译记忆、嵌入机器翻译插件、管控翻译质量、翻译管理和翻译协作等。本节将围绕以上主要功能，详细介绍计算机辅助翻译工具在翻译实践中的具体应用。

1. 编辑

计算机辅助翻译具有强大的编辑功能，一是支持多种文件格式。例如，免费开源的在线计算机辅助翻译工具 MateCat，其支持导

---

① XML：可扩展标记语言（eXtensible Markup Language）。

入.docx、.pdf、.rtf、.xlsm、.png 等 79 种文件格式，Trados Studio 2021 支持.xlf、.xliff、.doc、.ppt、.odp 等 48 种文件类型。二是文字提取。智能提取源语言文本（Source Language Text，SLT）的文字，准确识别可译部分，同时以标记的形式，保证译文与原文在格式上的一致性。三是排版。翻译完成后，系统自动将提取文字的译文回填至文件中，用户无需担心排版问题。与此同时，通过 CAT 工具提供的可视化界面，译员可以直观查看译文的最终输出效果，并实时参考翻译句段的语境加以审校和修订。

以演示文稿（PowerPoint）的翻译为例，按照传统方式翻译图文混排的演示文稿，通常需要先删除原文，再键入译文，编辑、排版的过程费时费力，而 Trados Studio 2021 在处理类似文件时可自动提取原文，将其切分为短句后，在原文区按照单元排布，译文的字体、字号等细节基本与原文相一致，具体操作步骤如下：

（1）在"文件—选项"设置中，选择对象文档类型（本例为.pptx 格式）。插入文档，软件可自动提取演示文档中需要翻译的文字（图 0－1）。

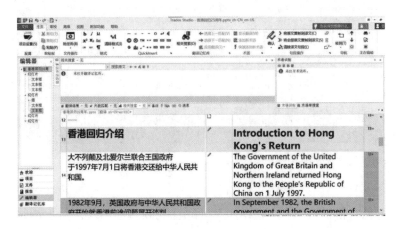

图 0－1　文字提取

（2）翻译完成后，计算机辅助翻译系统会自动将文字回填至.pptx 格式文档中，并保留原有动画效果。待导出后，译员可在此基础上编辑、修改（图0-2、图0-3）。

图0-2 待译排版格式

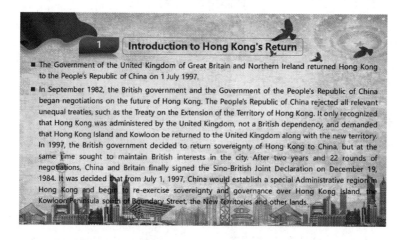

图0-3 译后排版格式

可见，借助强大的编辑功能，译员能够高效处理复杂的文件格式，快速提取可译文字，减少工作量，将更多精力投入于对译文质量的提升与润色。

2. 翻译记忆

翻译记忆是计算机辅助翻译工具的核心功能，也是避免重复劳动、有效提高工作效率的关键。主要优势与特色体现在以下几方面：一、翻译中，计算机辅助翻译系统会在后台建立语言数据库。当相同或者相似的短语出现时，系统会自动检索记忆库中的语料并提示用户使用其中最为接近的译法。二、翻译记忆库可自动匹配翻译句段、显示匹配值，并标记出与翻译记忆库中不匹配的句段，翻译人员只需在预处理（Pre-editing）后的文本上，有目的地对重复出现的文本加以采用、舍弃或编辑，就可实现对语料库的快速复用。该功能适用于科技文本、客户指南等包含大量重复性内容的语篇。三、合并译者的记忆库，实现资源共享。需要注意，翻译记忆并非"无所不包"。只要有新内容或新含义未曾包括，译员就应将新语料填充至记忆库中，做好及时更新。关于翻译记忆库的创建与应用的相关内容详见本书第三章。

3. 机器翻译插件

如今，计算机辅助翻译工具可以嵌入多种机器翻译插件。若在计算机辅助翻译工具自身的记忆库中匹配不到翻译结果，翻译人员可借助百度翻译、Bing Microsoft Translator、MyMemory、DeepL、KantanMT、腾讯翻译君、搜狗翻译、有道翻译和小牛翻译等机器翻译插件进行预处理。其译文质量较之以往都有较大提升，在某些方面甚至可以与人工翻译相媲美。另外，定制化的机器翻译引擎也日趋成熟，"机器翻译＋译后编辑"（Machine Translation ＋ Post-editing，MT ＋ PE）模式有望成为翻译界未来的主流工作模式。

4. 翻译质量监控

随着翻译项目交付期不断压缩、稿件字数日益增加，把控翻译质量至为关键。借助软件工具中的质量保证（Quality Assurance，QA），译员可通过多形态、多层次、自动化的质检措施，对翻译好的双语文件或译后生成的目标语（Target Language，TL）文件自动进行多层面质量检查，帮助译员"查漏补缺"，解决标记误删、词句冗余、文本术语及相同句段的译文不一致、标点和数字错译漏译等细节问题，最大程度降低出错率，减轻人工负担，确保译文的准确性和一致性。其中最具代表性的质量保证工具有 ApSIC Xbench、ErrorSpy、QA Distiller、TQAuditor 等。

以 ApSIC Xbench 的质量保证工具为例，其 QA 包含三个选项——基本检查、内容检查以及检查表检查。其中，基本检查主要针对双语不一致问题，如漏译文段、源语言文本相同但目标语文本（Target Language Text，TLT）不同的文段、目标语文本相同但源语言文本不同的文段等（图 0－4）。

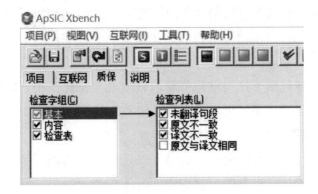

图 0－4　基本检查

内容检查主要针对译文中标记多余或缺失、数字不匹配、空格多余、字词重复、关键术语不匹配等情况（图 0－5）。

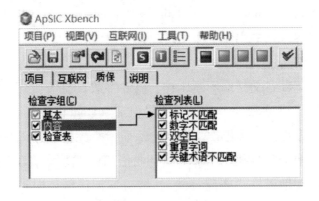

图 0－5　内容检查

检查表检查包括检查违背项目关键术语的分段以及自定义检查清

单等，例如，翻译人员可通过运行项目检查表和个人检查表，查验不可译关键词是否被意外翻译，或是对拼写检查器未能识别的某个拼写错误进行查验。用户还可以指定其他设置，如检查新句段、排除锁定译文、区分大小写以及忽略标记（图0-6）。

图0-6　检查表检查

保存语料后，译员可对译文进行质量追溯与批量修改。质量追溯包括追踪每一句段的译者和修改人，保证责任落实。

5. 翻译管理

随着管理规模的庞大，翻译项目的复杂度也与日俱增。它涉及客户管理、译员管理、进度管理、文档管理等多重管理工作。如此繁杂的工作量仅靠项目负责人一己之力完成显然不可行。因此，翻译管理系统（Translation Management System，TMS）应运而生。它将企业职能部门、项目任务、工作流程和语言技术整合为一体，有效协调价值链上各方参与者（企业内部、外部以及企业间）的活动平台。（潘学权，2016：171）其功能主要包括：简化本地化过程中所有参与者之间的任务交换，允许用户实时跟踪项目进度；内置翻译存储器及术语表（或术语管理工具），保证项目、行业术语的一致性；监控和管理项目运作，如人员活动、项目进度、翻译记忆库、术语库、项目沟通等。另外，TMS正逐步与内容管理系统和企业信息管理系统实现深度融合，以进一步推动翻译工作的流程化、云端化。

6. 翻译协作

翻译协作是处理大型翻译项目（或译员无法独立按期完成的翻译项目）的必然选择。现代翻译项目往往时间紧、任务重，需要由团队多人协作完成。CAT 工具将自身优秀的项目管理和辅助翻译功能融入其中，有效提升翻译效率。例如，翻译人员可借助云端存储技术，与团队成员实时共享翻译记忆库和术语库，打破时间与空间上的局限性，让成员之间的沟通更为便捷、更加高效。以下将以不同类型的计算机辅助翻译软件为例，对三种主要翻译协作模式展开探讨。

基于单机版计算机辅助翻译软件的翻译协作是在无法提供服务器版 CAT 软件的情况下，自由译员或兼职译员之间进行翻译协作、高校教师组织翻译协作教学以及翻译项目实战的常用办法（周兴华，2016：82—86）。需要注意的是，使用单机版 CAT 软件组织翻译协作时，需要一个自带项目管理功能的高级版本，如 Trados Studio 专业版、memoQ 项目经理版、Wordfast 专业版等等。

而单机版 CAT 软件主要通过以下两种方法开展协作：一是创建项目文件包（Project Packages），包含需要发送给项目组成员的所有文件，如源语言文件或译后待审校文件、翻译记忆库、术语库、参考文件以及整个项目设置。一般来讲，项目经理负责项目的创建、分包、发送、转发、回收、更新等。二是导出外部审校（Export for External Review），指在翻译结束后将文件导出为双语对照格式的文件，并发送给审校员检查，即审校员不使用 CAT 工具，也可以参与其中（周兴华，2015：77）。审校员对译文所做的任何修改，如添加、删除、替换，在导入外部审校文件后可直接在译文中更新。以下将以 memoQ 单机版为例做简要演示。

（1）分配任务。创建项目并添加用户后，点选"分配"，设置用户在项目中担任的角色（图 0 - 7）。后在"项目概览"中更新项目，选择"Create new handoff"（创建新的分发包），设置截止日期，创建后缀名为 . mqout 的分发包，其内容包含文档、记忆库、术语库等资源（图 0 - 8）。

（2）接收分发包。待导入分发包后，译员可翻译或审校。完成任务，点选"交付/返回"，生成后缀名为 . mqback 的文件包，提交至项目经理（图 0 - 9）。

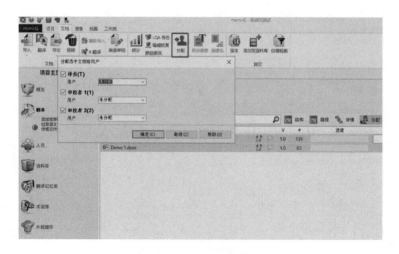

图 0 - 7　用户角色分配

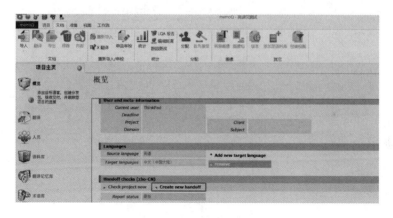

图 0 - 8　创建新的分发包

（3）项目经理接收分发包。项目经理可同步接收译员的所有信息。若译文无误，项目经理将处理完毕的句段更新至记忆库中（图 0 - 10）。

不过，基于单机版 CAT 软件的翻译协作不能实时资源共享，如翻译记忆库、术语库等。这容易造成术语翻译不一致、重复句段译文不统一等现象。虽然使用外部审校文件进行翻译协作时，非熟练使用 CAT 软件的译员也可参与其中，但无法实时共享翻译资源依旧是无法

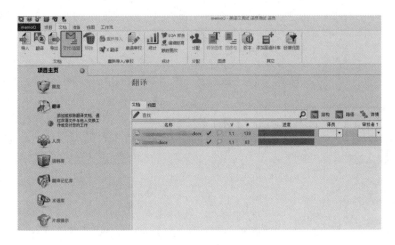

图 0 – 9　译员交付

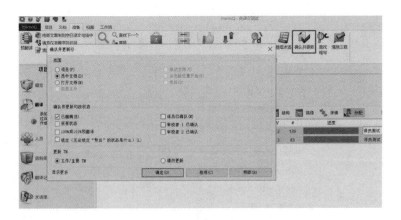

图 0 – 10　更新记忆库

避免的桎梏。而后续的审校工作又会受此影响，难免流于繁琐。

　　基于服务器版计算机辅助翻译软件的翻译协作是服务器版 CAT 软件专门为项目管理和翻译协作而定制的，能够有效纠补单机版 CAT 软件的缺陷。它本质上相当于一个中心资源库，可进行多种项目设置，包括账号管理、任务管理、资源配置、权限设置等等。在项目开展过程中，译员可实时共享翻译资源、监控项目进度、访问最新核准内容，从而有效掌握翻译实践的整套工作流程。译员和审校员还可登录账号，同时在线操作。以下将以 memoQ server 为例，简介基于服务器版计算机辅助翻译软件的协作模式。

（1）添加用户。分配任务前，项目经理确认分配人员为服务器用户。在网页端"人员—权限"部分，可以将服务器用户添加至项目人员（图 0 – 11）；客户端可以在"人员"选项中"添加用户"（图 0 – 12）。

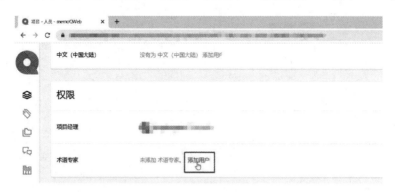

图 0 – 11　网页端"添加用户"

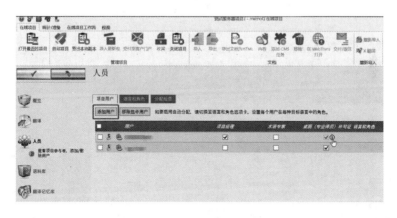

图 0 – 12　客户端"添加用户"

（2）分配任务。在网页端，勾选需要分配的文档，点选"高级分配"，设置需分配的人员与截止日期（图 0 – 13）；在客户端，选中文档后，点选"统计/准备—分配"，勾选"更改已分配的译员"，选择"单一用户"或"小组分包"，设置日期，即完成任务分配（图 0 – 14）。

图 0 - 13 网页端"分配任务"

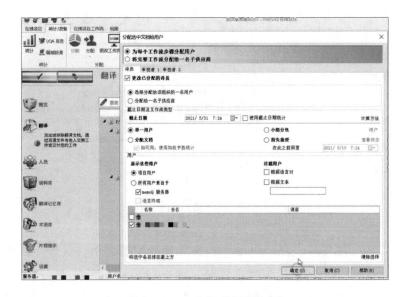

图 0 - 14 客户端"分配任务"

然而，使用基于服务器版 CAT 软件的翻译协作依旧面临诸多困难，比如：软件费用高昂；高校用户需配备相关实验室；需要指派技术人员对系统进行日常维护等。

基于云翻译软件的翻译协作。云翻译软件是翻译技术发展的新趋势，也是较为灵活、高效的翻译协作解决方案。近年来受到业内人士的广泛关注。云翻译软件对翻译数据集中管理，利用实时快速检索技术、海量数据分布式存储和检索技术，将开放应用程序编程接口（Application Programming Interface）接入到众多 CAT 工具中。国内使用频率较高、反馈较好的云翻译平台有 Memsource Cloud、XTM Cloud、Wordbee Translator、Smartcat、MateCat、YiCAT、Transgod 以及云译客等。接下来，我们简要介绍 YiCAT 的翻译协作步骤：

（1）进入 YiCAT 使用界面，点选"项目管理"，找到待分配任务的项目，点选项目名称（或项目详情栏右侧操作按钮中的"详情"），进入项目详情界面（图 0 – 15）。

图 0 – 15　YiCAT 使用界面

（2）在"项目详情—文件"标签页中，点选任务管理操作栏的"分配任务"。进入任务分配界面后，译员可按照句段的数量或字符数，拆分、分配任务（图 0 – 16、图 0 – 17）。

图 0 – 16　文件详情

图 0 - 17　任务分配

（3）拆分成功后，所有拆分后的任务会出现在此界面，点选"分配"按钮，勾选对应译员、选择截止日期，并点选"确认分配"（图0 - 18、图 0 - 19）。

图 0 - 18　待分配任务

图 0 - 19　添加项目成员、选择截止日期

（4）任务分配成功后，系统通过邮件和系统消息的形式发送通知。译员或审校员可点选系统消息中的"翻译""审校"，或邮件中的

"去翻译""去审校"按钮，前往任务模块，查看任务（图 0 - 20）。

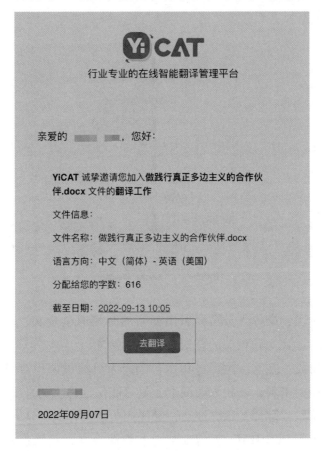

图 0 - 20　任务查看

　　总之，计算机辅助翻译工具在功能的实用性与丰富性方面日新月异，为文件编辑、翻译记忆、质量监控、翻译管理和翻译协作等环节提供了不同程度的支持。翻译技术不断朝着智能化、自动化和流程化的方向发展，充分满足了当代翻译项目对准确性、时效性、协作性的要求。

　　（三）基本流程

　　基于上述，计算机辅助翻译工具正逐渐成为一个可以满足译者需要、文件格式及语言要求、兼容性良好、可以模仿甚至超越人工翻译且能协同生产优质译文的可控定制系统。（Chan Sin-wai，2017：30）

而在计算机辅助翻译技术尚未问世之前，传统翻译的基本流程大致如下（图0-21）：

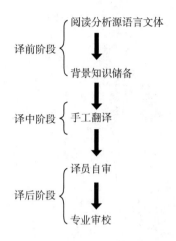

图0-21 传统翻译流程

译前阶段：翻译人员需要留出充裕的时间通读全文，查阅平行文本，搜集与译文主题相关的背景资料以作参考。

译中阶段：在实际翻译过程中，翻译人员积极调用自身的知识储备，搜索相关资料，查找专业词汇，尽可能保证译文的准确和流畅。

译后阶段：翻译初稿完成后，翻译人员通读译文，认真检查拼写、格式、文体等基本细节，对译文润色、修改译文，接着将译文交由审校员。之后，审译员需仔细阅读修改，并有针对性地修改译文，最后将终稿交付客户。

整体来说，传统翻译流程存在明显局限性，例如，翻译同类型文档时，重复劳动在所避免；对文本格式考虑不周，大大降低编辑、排版的效率；团队难以保证翻译风格及术语的一致性；质量管理方式单一，检查不够全面、彻底等。现代化翻译项目流程以翻译技术为依托，有效弥补了传统翻译流程中的诸多流弊。据此，部分国内外学者对翻译技术标准及流程提出不同见解。

梅尔拜（1998/2018）将翻译流程分为译前、译中和译后三个阶段，分别从术语层和语段层列举了八种主要的翻译技术（表0-1）。

表 0 - 1　　　　　　　　　梅尔拜翻译流程及翻译技术

	术语层	语段层
译前	备选术语提取术语研究	新文本断句，源语言文本与目标语文本对齐与索引
译中	自动术语查询	翻译记忆查询机器翻译
译后	术语一致性检查和非允许术语检查	丢失片段检查及语法格式检查

美国电子技术翻译专家、职业译者夸尔（Chiew Kin Quah，2006：43）提出的翻译过程模型包含在不同阶段获得的 4 个不同的文本处理对象，即源语言文本、预处理文本（Pre-edited SL Text）、目标语文本和后处理文本（Post-edited TL Text），以及翻译过程中的相关操作。其主要流程包括三个环节：预处理过程、翻译操作（Translation Tool）和译后编辑过程（图 0 - 22）。

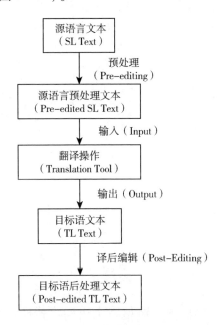

图 0 - 22　夸尔翻译过程模型

简单来讲，译员在译前需对源语言文本进行预处理，如数据筛选：去除完全相同的句对或空行后，处理控制字符、转义字符、URL 符号（统一资源定位符）等特殊符号；对输入的文本进行分词、大小写转换等等。这一操作属于语内翻译，目的是确保源语言文本质量，方便系统读取和理解。后将经过预处理的文本输入翻译系统，系统会自动提取其中的可译资源与翻译记忆库中的语料进行匹配，并输出可供译员参考的目标语文本。翻译结束后，系统会对译文进行质量检查和审校，将其返还至译员修改，最终给出定稿，即目标语后处理文本。简言之，译后编辑实质是对系统生成的翻译文本修改与编辑的过程，从而迎合目标语读者的阅读习惯或者客户需求。

美国翻译研究专家弗兰克·奥斯特穆尔（Frank Austermühl，2007：12）则以詹姆斯·霍姆斯（James S. Holmes）的翻译过程模型为基础，在接受（reception）、转化（transfer）和生成（formulation）三个阶段引入机器翻译、术语管理、电子词典、知识库、语料库和文件管理等翻译技术（图0-23）。

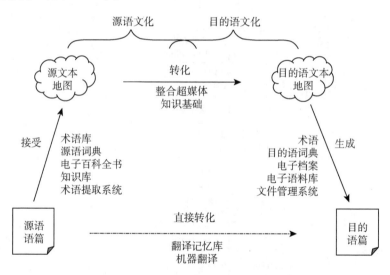

图0-23 奥斯特穆尔翻译过程模型

接收阶段的核心步骤是检索背景知识。电子百科全书、知识数据库等信息检索系统在此过程中发挥着关键作用。另外，在接收阶段还需借助 WordCruncher、WordSmith、MonoConc 等术语提取工具，过滤术语，并自动统计分析文本，随后借助术语库或电子词典解码源语言文本中的语言信息。

　　在转化过程中，需要根据上下文深刻理解源语言文本的文化内涵，匹配最佳的目标语文本。这一阶段所涉及的实用性较强的工具为融合超媒体系统的知识库，即借助包含图像、动画、声音等的超媒体系统理解源语言文本。在重构阶段，文件管理环节十分重要。译员将源语言文本及目标语文本存储在电子档案中，所使用的术语导入个人术语管理系统，并重新整理语料库。此后，机器翻译便可凭借翻译记忆，实现双语文本的直接转换。

　　国内翻译研究学者王华树（2017：131—133）在梅尔拜的基本术语层和语段层的基础上，增加了伪翻译、预翻译、译后编辑、本地化排版、本地化测试、语言资产维护等技术，对翻译项目流程的主要阶段加以细化（图0－24）。

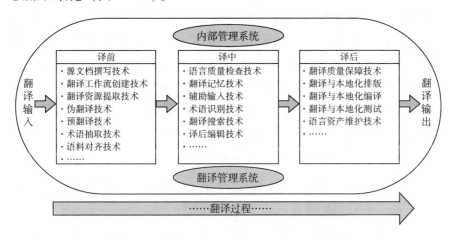

图0－24　王华树翻译过程与翻译技术

　　香港中文大学人文社科学院陈善伟教授（2014：56—57）将计算机辅助翻译流程总结为七个阶段，即收集双语样本、创建术语库、翻译记忆库，将源语言文本输入翻译系统，系统将自动检索之前已储存数据，完成翻译，译员根据最终译文更新语料（图0－25）。

　　纵观上述学者对翻译技术的分类和对计算机辅助翻译流程的归纳，我们可以发现，计算机辅助翻译的主要流程一般分为译前准备、翻译

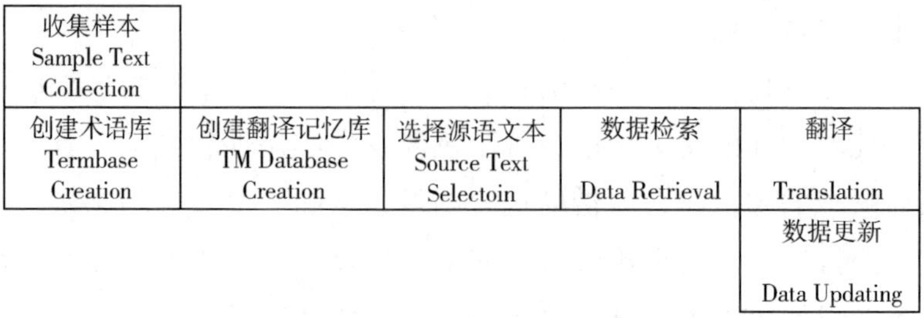

收集样本 Sample Text Collection				
创建术语库 Termbase Creation	创建翻译记忆库 TM Database Creation	选择源语文本 Source Text Selectoin	数据检索 Data Retrieval	翻译 Translation
				数据更新 Data Updating

图 0-25　陈善伟翻译流程图

过程和译后编辑三个阶段。

　　译前准备工作对于保证翻译质量具有重要意义，是翻译操作和译后编辑过程的基石。译前准备的主要任务有三：首先，在信息化时代，文本存储于不同媒体中，且格式各不相同，翻译人员借助工具（如文字处理工具、数据获取工具、本地化工具等）抽取待译文本；第二，术语库、记忆库等语料资源是保证译文准确性、术语和翻译风格一致性的必要条件。因此在翻译预处理阶段，需要抽取术语，构建术语库，对齐平行语料，创建翻译记忆库。第三，与客户和项目经理协商。实际翻译项目涉及字数统计、计费及语言服务协议签订与履约等事宜。在接到客户要求后，通常还需整合项目文件，分析文件语种、类型和格式，去重并统计翻译字数、评估翻译难度，确定交稿时间，报价并签订协议。若涉及翻译协作，项目经理还需将文档、相关翻译记忆库和术语库一并打包发给译员。

　　在客户同意报价并签订合同之后，项目进入到翻译过程。在此阶段，须将文本导入 CAT 工具并切分句段。系统会利用现有记忆库、术语库及相关资源或机器翻译引擎，通过模糊匹配或精确匹配，对文本进行预翻译。完成后，译员可针对系统给出的参考译文进行编辑、修改，提高译文的流畅度，并借助质量保证工具及搜索引擎查缺补漏，确保准确。

　　译后编辑是确保译文准确性和可读性的关键。其主要流程包括四个方面：一、质量保证。在翻译完成后，利用拼写检查工具、语法检查工具、翻译质量检测工具等对译文进行二次深度检查。二、桌面排版（Desktop Publishing，DTP）。若想要取得高质量的翻译成果，还需将文字与图形、图片等整合，获取最佳的信息传递效果。对于关涉电子媒体的翻译内容（如网页、软件运行界面等），译员需人工审核，确保排版布局与原始文件的一致性，以及各项功能的准确对应。三、收集整理语料资源。译员及时将翻译过程中产生的相关新语料整理、保存至翻译记忆库和术语库，在未来的翻译工作中重复利用。四、确保最终产品符合用户要求以及双方协议约定。除上述流程外，实际项目中还涉及项目管理、反馈与总结等。

综上，实际的计算机辅助翻译操作过程较为复杂，需多种翻译技术与软件的支持。根据国际标准化组织（International Organization for Standardization，ISO）于2015年发布的《翻译服务——翻译服务要求》（Translation services—Requirements for translation services，17100：2015），翻译技术可进一步细分为内容管理系统、协作技术、桌面排版、文字处理软件、翻译管理系统、翻译记忆工具、计算机辅助翻译、质量保证工具、双语编辑工具、本地化工具、机器翻译、术语管理系统、项目管理软件、语言文本识别软件等等。这些技术工具或软件在计算机辅助翻译的过程中扮演着不可或缺的角色，按照译前准备，翻译过程和译后编辑的流程顺序，我们可将译员角色、各阶段任务及所需的技术工具、软件分类汇总（表0－2）。

表0－2　　　　　　　翻译过程、翻译任务及相关技术工具①

翻译阶段	参与者	项目与任务	技术工具
译前准备	团队/个人	文本电子化处理	字处理工具、数据获取工具、本地化工具
		术语处理	术语抽取工具
		文本分析	语料库分析、信息抽取
	团队	任务分配与管理	翻译项目管理工具

---

① 表格参考琳妮·鲍克（Lynee Bowker，2002：7），稍有调整。

续表

翻译阶段	参与者	项目与任务	技术工具
翻译过程	团队/个人	预翻译	机器翻译工具
		术语管理	术语数据库管理工具
	个人	基于翻译记忆再翻译	翻译记忆库管理工具
		拼写检查	拼写检查工具
		语法检查	语法检查工具
		资料查询	搜索引擎
	团队	进度管理	翻译项目管理工具
译后编辑	团队	质量监控	翻译质量检测工具
	团队/个人	排版	字处理工具、桌面排版系统
		本地化	本地化工具
		术语管理	术语库管理工具
		语料管理	语料库管理工具

在计算机辅助翻译的实际操作中，翻译人员需要根据项目类别、成本核算、处理难度、项目周期等调整各细分环节及岗位，还要考虑因软件故障、系统崩溃、信息源丢失或损毁、国家政策、市场调控、译员处理失当、不可抗力等因素导致的项目终止、违约等情况，特殊情况下还需签署保密协议等。（王华树，2015：107）但可以确定的是，遵循完整、合理的计算机辅助翻译流程，对翻译工作的生产效率及质量保证等方面裨益良多。

（四）主流工具

计算机辅助翻译工具在助力译员优质、高效完成翻译工作的同时，可帮助相关企业管理项目、控制质量和节约成本。本节主要介绍国内外几款主流翻译软件的特点与优势，并针对翻译工具的甄选提供一些指导和建议，其余常用 CAT 软件及网址请见本绪论附录。

1. 国外主流工具

（1）Trados

Trados 是由德国 SDL Trados 公司基于翻译记忆库和术语库技术开发的一款桌面级计算机辅助翻译软件。该软件针对高质量译文的快速创建、编辑与审校提供了一整套系统化集成工具，能够极大提高译者的翻译效率。作为现今世界上最成熟的专业翻译软件之一，Trados 支持 57 种语言的双向互译，在 CAT 领域独占鳌头。在全球拥有 4 万多企业级用户，市场占有率高达 70% 以上。

相较于其他 CAT 工具，Trados 的优势主要表现在记忆功能、匹配功能、术语管理、多种编辑环境和自动排版功能等方面。首先，Trados 将记忆功能和匹配功能紧密结合，二者相辅相成、相互依托。这种设计具有以下几大亮点：一是根据现有译文的语境准确把握原文内容，提高译文质量；二是保持同类文本的一致性，减少译者的重复劳动；三是避免语篇的重复翻译，提升翻译效率。其次，Trados 的术语管理软件 MultiTerm Desktop 还为译员提供了完整的数据库方案，可以从互联网上自行下载或利用 Trados 自带的工具制作术语库，建立一个或多个包含源语言和目标语的标准术语列表，使用时系统能够自动识别文本中已经定义的术语，并提供标准译文。其三，Trados 支持多种编辑环境，并具备自动排版功能。译者只需关注文本翻译，无须担心译文与原文的格式问题。此项功能大幅节省了排版环节的成本投入，使翻译产品的出产效率得到了进一步提高。

（2）Déjà Vu

Déjà Vu 是当今计算机辅助翻译软件市场的翘楚，由计算机辅助翻译技术发起人和现行标准制定者之一的 Atril 公司研发。作为一款采用"翻译表格"高度集成翻译界面的 CAT 软件，得益于其功能强大的翻译记忆库、满足翻译、审校、项目管理等多元需求的集成环境以及具有良好创新功能的开放平台，Déjà Vu 始终保持着极高的行业声誉。目前，该软件在市场上较为常用的版本包括 Déjà Vu X3、Déjà Vu X3 Professional、Déjà Vu Workgroup 和 Déjà Vu TEAMServer。

与其他计算机辅助翻译软件相比，Déjà Vu 主要具有五大优势：一是高度集成的翻译环境：集翻译项目管理、翻译编辑、翻译记忆库管理、术语库管理、语料对齐、质量保证等功能于一体。二是集成多款世界主流的机器翻译引擎接口：MyMemory 机器翻译引擎、微软（Microsoft）机器翻译引擎、百度机器翻译引擎等，为该软件提供了高效、便捷的机器翻译环境。三是高级项目浏览器：支持对计算机本地文件、当前项目的文件夹以及多格式文件结构进行分级浏览，为大型翻译项目（尤其是文档本地化项目）中的文档管理提供了便利。四是资源压缩工具：对翻译项目、翻译记忆库、术语库和筛选器进行内存压缩与空间回收，确保系统运行的流畅度。五是资源修复工具：对各类已损坏的文件进行修复，避免重要数据的损坏、遗失。除此之外，Déjà Vu 还具有模糊匹配修复（fuzzy match repair）、深度挖掘统计提取（DeepMiner statistical extraction）、片段汇编（Assemble）等特色功能。

（3）memoQ

memoQ 由匈牙利 Kilgray 翻译技术有限公司于 2005 年开发的一款计算机辅助翻译软件，它集合了众多翻译软件的特点和优势，凭借其界面友好、操作简便、功能强大等优点，迅速受到海内外翻译公司与译员的欢迎，现已成为全球市场占有率第二的主流 CAT 软件。

memoQ 主要拥有以下四大特点与优势：一是作为一款整合多方功能的自定义操作软件，memoQ 支持将翻译编辑、资源管理等功能集成于一身，方便用户使用。二是外部海量语言资产的接入，使其成为对外部翻译记忆库、术语库等相关语料资源整合度最高的翻译辅助软件。三是具有长字符串相关搜索功能，同时可兼容 Trados、STAR Transit 及其他 XLIFF 格式提供的翻译文件，便于译员和其他 CAT 使用者共享翻译成果。四是相较于其他 CAT 软件，memoQ 自行研发了诸多特色功能，比如：语料库（LiveDocs）功能、视图（View）功能、X-Translate 功能、片段提示（Muses）功能、网络搜索（web search）功能、项目备份（Backup）功能、快照（snapshot）功能、单语审校（Monolingual review）功能、语言质量保证（LQA）功能、语言终端（Language Terminal）功能等，能够满足用户的多样化需求。

（4）Wordfast

Wordfast 由美国 Wordfast 公司开发，该软件融合了语段切分和记忆库两大技术，适用于 Windows、Linux 和 macOS 等多元系统。Wordfast 具有内嵌术语管理、词典查询、机器翻译、翻译记忆局域网分享、实时 QA 等诸多功能，软件小巧、操作简单、运行速度快，适合经常翻译 Word 文档的译员使用。目前市场应用率较高的 Wordfast 软件版本主要为 Wordfast Classic、Wordfast Pro 5 和 Wordfast Anywhere 等。

　　Wordfast 的最大优势在于功能齐全且价格实惠。创始人伊夫·商博良（Yves Champollion）的初衷是开发一款"价格合理、人人可用"的计算机辅助翻译软件。与 Trados 等动辄需要支付上千美金使用费的主流 CAT 软件相比，Wordfast 的售价只有 200 美元，性价比极高。其次，Wordfast 所支持的翻译记忆格式都是简单的制表符分隔的文本文件，可以在文本编辑器中打开、编辑；还支持 TMX 文件的导入和导出，便于用户与其他 CAT 软件的使用者分享语料资源。其三，Wordfast 针对不同客户的需求开发了多种软件版本，例如：作为最新推出的单机版跨平台翻译记忆软件，Wordfast Pro 5 支持个性化工作界面的定制与创建，能够满足译员、语言服务供应商和跨国公司等不同用户的多种需求。而 Wordfast Anywhere 是一款基于浏览器的翻译记忆工具。译者可将翻译记忆存储于中央服务器，每个用户可创立有密码保护的私人区域。译者能够随时随地查看工作项目，并进行编译。此外，用户还可利用系统提供的超大型翻译记忆库 VLTM（Very Large Translation Memory），设立私人工作组，与他人共享翻译记忆。

　　2. 国内主流翻译工具

　　国内计算机辅助翻译技术及工具的发展即便起步较晚，在多语种、多格式文件支持，记忆库与术语库的交换、挂接等方面还有待进一步完善，但以云译客、雪人 CAT、Transmate（优译）为代表的 CAT 工具依然获得了业界的广泛认可。

　　（1）云译客

　　云译客是传神语联网网络科技股份有限公司为译者量身定制的智能翻译平台。就其功能而言，云译客主要通过 AI 助力，可以将单人的翻译效率提升200%以上。云译客作为在线辅助翻译和机器翻译的融合创新，其核心研发理念是"人赋慧于机器，机器赋能于人"。该平台集成百度、小牛等众多优秀机器翻译引擎,同时还设有财经、法律等行业专属机器翻译引擎。云译客通过翻译数据反哺智能 AI,令机器可以智能学习,进而使机器引擎进化为个人专属的孪生译员(Twinslator)。然后在语言数据资产化的基础上,通过引擎共建、数据确权、数据清洗、数据抽检、数据训练等环节,提升引擎质量、创造数据价值、降低翻译成本。同时,译者可以按需选择项目流程,翻译全程伴随 QA 检测,工作量报表支持一键导出,使翻译流程及薪资结算更为快捷。

最新版的云译客客户端把常用的文档处理、工具包功能置于左侧的导航栏,在术语语料库、术语提取、语料对齐、字数换算的基础上,新增了字数统计功能,可以帮助用户快速统计稿件字数、字符数、中朝字数、非中文字数等,同时支持 Word、Excel、PPT、PDF、Txt、Srt 等多种格式文件。此外,客户端对网页版界面进行最大程度的还原,在此基础上优化各项功能、运行流畅度以及用户体验,对习惯网页版操作的用户较为友好。

(2)雪人 CAT

雪人 CAT 由佛山市雪人计算机有限公司自行研发,适用于 Windows 系统。这款人机互动辅助翻译软件充分利用计算机的计算能力与记忆能力,将其与译者的创造能力相结合。主要功能包括:实时翻译预览、在线词典查词、机器翻译、在线搜索、翻译记忆库、术语库、语法规则自定义、词频统计、质量保证、原格式导出等等。此外,雪人 CAT 还拥有网络协作平台(服务器端),可实现项目文件的协同翻译,支持翻译与审校同时进行,可以实时更新记忆库、术语库中的语料资源。该软件分为包括免费版和标准版在内的单机版本和服务器版本,可以满足不同用户群体的多样化需求。

雪人 CAT 标准版可单独使用,也可作为协同平台的客户端。软件支持翻译 Word、Excel、PPT 等多种格式文件,自带关涉数十个专业领域、近千万词条的英汉双语词典;用户可以实时、直观预览翻译结果;此外,软件提供的译文断句准确、样式码较少(且绝大多数样式码系统都可自动处理），还可智能处理词形变化，检索匹配的结果不会受到词语时态及单复数变化的影响，并支持导出 unclean 格式双语文件。

雪人 CAT 服务器标准版的特色在于支持项目文件的协同操作，通过远程文件管理实现同一文件多人协同翻译的工作模式。其具体操作步骤如下：由项目组长上传文件，译员、审校员下载文件进行处理。译员翻译的内容可以随时同步至审校员的客户端界面，经审校员审核后，即可同步到其他译员的客户端界面中，最终译文由审校员、组长导出。

（3）Transmate

Transmate 是由成都优译信息技术有限公司自主研发的 CAT 系统，分为单机版与企业版，对系统配置要求较低。该软件集项目管理、记忆库管理、术语管理、语料对齐、术语抽取、自动排版、在线翻译、Web 搜索、低级错误检查等功能于一身。支持标准记忆库和术语库格式、多文件格式及多语种，能够从最大程度上减少译员重复翻译的工作量，确保译文内容与文本术语的一致性。

Transmate 单机版可以免费下载，并支持个人永久免费使用。企业版专为翻译公司设计，集多种功能于一体，分为五大模块：系统管理员端、项目管理端、翻译端、校稿端和语料库管理端。可直接通过软件完成稿件分配、智能去重、协同翻译、共享术语/翻译记忆/高频词、语料管理、进度监控、稿件导入导出等多项流程。

此外，Transmate 在企业版的基础上，结合高校教学需求，研发一款帮助学生深入学习计算机辅助翻译技术的实训系统。该翻译教学系统包括系统管理平台、教学管理平台、学生翻译平台以及语料管理平台，侧重培养学生自主学习、实践的能力。这不仅加深了学生对 CAT 技术的认识、理解与把握，还通过模拟实训，令其在校园环境中也能够提前熟悉翻译公司的运作模式，加强就业竞争力。

二　技术型翻译人才培养

信息技术的兴起在推动翻译技术领域开展深入变革的同时，进一步扩展了相关行业以及社会层面对技术型、复合型翻译人才的需求。一般来讲，翻译人才的培养应从以下几个方面入手。

（一）语言与专业知识

计算机辅助翻译实践离不开人工译员的参与和介入，故此，在技术型翻译人才的培养过程中，对语言、专业知识的能力培养不可小觑，主要有五点要求：首先，"触类旁通"。除通晓源语言与目标语之外，还需对翻译实践所涉及的相关领域知识有所掌握，如词汇学、语法学、语篇学、语用学及社会语言学等。其次，"博观约取"，即具备广度与深度并存的知识储备，具体包括三个方面：（1）对源语言和目标语文化的深入了解；（2）要求译者成为"杂家"，对特定专业领域的知识有一定的基础，如企业资源计划（Enterprise Resource Planning，ERP）软件翻译可能涉及会计学、人力资源管理、物流管理等相关领域知识；（3）与翻译行业相关的背景知识，如翻译单位类型、翻译市场与客户、翻译协会、翻译版权等。再次，"各有侧重"。就笔译译员而言，需不受制于文本体裁与风格、类型的差异，能够分别使用源语言和目标语创造出用词准确、表达流畅的语篇；而对口译译员来讲，除需具备扎实的语言功底与专业基础外，对自身在高压环境下语言的组织能力、逻辑感及反应力的培养也十分必要。最后，"万千变化、存乎一心"。需要掌握一定的翻译理论、策略与技巧，对不同语言的转换方法能够融汇变通、运用自如。第五，"知其然而知其所以然"。深入了解计算机辅助翻译的内在原理与核心概念，让其更加灵活、高效地服务于翻译实践。

（二）翻译项目管理能力

翻译项目管理指项目经理按照客户要求，在既定的时间内利用各种技术、工具和现代管理方法，理顺翻译、审校、排版等工作环节，保质、保量地完成翻译任务，并将成本控制在预算范围之内。这一过程涉及三大要素——质量管理、时间管理、成本管理。质量管理是保证项目成功的关键，指遵照特定质量标准和项目管理策略的要求，提供达到预定标准的产品或服务的管理行为。质量管理包含质量计划、质量保证与质量控制三个层面，由其构成的质量保证系统可以帮助译员对产品进行"地毯式"查校，及时、高效地裨补缺漏、完善细节。时间管理，又称进度管理或时间控制，指翻译公司同时开展多个翻译项目，而客户对交付周期的要求又较为严苛。需要富有经验的项目管理人员对整个翻译团队进行组织、协调，分派工作任务、优化时间管理与进度安排。此外，当出现意外情况时，项目负责人还需实施项目变更管理，保证项目如期交付。成本管理，简言之，翻译公司及相关团队开展翻译项目的直接目的是为了获取利润，这一过程涉及成本估算、对外报价、市场营销、品牌积累等各项内容，要求翻译项目负责人在严格把控译文质量和生产效率的同时，仔细权量各个环节的成本投入，最大限度地压缩成本。

总之，成功的翻译项目管理满足以下三个要求：一、按照既定进度如期交付译文；二、项目成本控制在预算范围之内；三、译文质量达到客户要求。（刘丽红，2012：13）三者既有联系，又相互制约，贯穿翻译项目管理的全过程，不仅是项目管理者的"应尽之责"，也是每一位翻译人员的"分内之务"。因此，翻译项目管理能力的相关训练已然成为技术型翻译人才培养过程中不可或缺的内容。

（三）团队协作能力

当今世界处于一个信息爆炸的时代，各种知识、技术不断推陈出新，社会对语言服务产品的需求日趋多样化、复杂化。译者若凭一己之力，难以企及业内对翻译质量及效率的高标准与新要求。大型翻译项目的完成多有赖于"集体的力量"——翻译团队成员之间的沟通基础、信任、关联性以及合作能力等等。

团队协作翻译的优势具体体现在以下几方面：一是在团队协作模式下，翻译项目成员的角色可以根据任务要求，分为翻译人员、校审人员、排版人员、客户经理、项目经理、语言主管、团队主管、主题专家、质检人员等等。在综合考量成员个人情况和项目情况的基础上，进一步细化分工，明确职责。二是团队成员"各司其职、各尽其事"，大幅提高翻译流程的规范性，"翻译＋审校""翻译＋审校＋润色""翻译＋

审校＋润色＋排版"等实践模式得以有序落实、推进。三是借助计算机辅助翻译技术，团队成员可以实时共享术语库、记忆库等语料资源，集思广益、博采众长。四是翻译项目与相关实践的顺利开展离不开团队成员的协调与配合。翻译技术的发展为项目成员之间远程化、高效化的交流提供了保障，使得团队在沟通效率及时间成本投入方面得到极大改观。

总体而言，当前团队协作的翻译模式已然成为业界的主流工作模式。在翻译人才的培养过程中，高校应在课堂设计、教材建设等方面，加强学生对翻译流程、行业特点及项目成员分工等实用型知识的了解与掌握，着力培养其合作精神、沟通能力与集体责任感。

（四）信息技术能力

信息技术能力是技术型翻译人才培养过程中的重要内容，可以进一步划分为计算机操作技能、信息获取能力、CAT 相关软件运用能力以及译后编辑能力。

1. 计算机操作技能

现代化翻译项目对译员的计算机水平要求较高。总体而言，计算机操作技能包括各类办公软件的应用，软件（硬件）的安装、维护与简单排障、基本的网络技能（如路由器配置及搜索引擎的使用）以及计算机的日常维护等等。这些技能的使用贯穿了翻译活动的各个环节，是译者务须掌握的基础性知识。

2. 搜索与获取信息的能力

"搜商"（Search Quotient，SQ），顾名思义，指信息检索与搜集的能力。作为大数据时代的一种新型能力指标，"搜商"是翻译人才能力建设的一个重要方面。良好的搜商对翻译实践裨益良多：一是提升资源检索的效率与内容精准度。从浩如烟海的互联网信息中准确、高效地检索所需信息，对后续翻译工作的顺利推进至关重要。二是提升信息处理能力。很多情况下，网络所提供的各种信息资源无法直接使用，译者需发挥自己的"搜商"甄选、归纳与整合，自觉构建个性化语料库。三是对信息检索及筛选的过程可以锻炼和加强逻辑能力、分析能力及辨别能力，有助于完善译者的综合素养。

一般而言，搜商可进一步细分为搜索思维、搜索技巧和搜索渠道。搜索思维包括横向思维，即对待查词语进行拆分、解构，尽可能多地检索同义词、近义词；纵向思维指增加搜索的关键词，缩小搜索范围；逆向思维是对与内容相左的语料进行检索，反其道而行；发散思维，即调动联想与推导能力，举一反三、触类旁通。

搜索技巧以搜索引擎为依托，形式灵活、多样，此处选取一些代表性的例子供读者参考（注意搜索时的必要"空格键"）。一是排除干扰词："关键词—干扰词"；添加确定词："关键词 ＋确定词"。二是检索特定格式文件："filetype：文件格式 关键词"。三是查找特定标题内容："intitle：关键词"。四是制定范围：网页正文中包含关键词："intext：关键词""allintext：关键词1 关键词2"；网址中出现关键词："inurl：关键词"。五是站内搜索："site：具体网站域名 关键词"。六是搜索相关网站："related：网址"。七是强制精确匹配：为关键词添加双引号。

就搜索渠道而言，其类型多样、关涉内容较广，包括但不限于以下几类：一是各类书籍，包括纸质书籍和中国国家数字图书馆[1]等网站提供的电子书籍；二是词典，可分为纸质词典及电子词典两大类，是翻译工作最基本的搜索渠道之一；三是语料库，例如：《习近平谈治国理政》多语数据库综合平台[2]、英国国家语料库（British National Corpus，BNC）[3] 等等；四是术语库：中国特色话语对外翻译标准化术语库[4]、中国核心词汇[5]、中国思想文化术语[6]、联合国术语库[7]等；五是学术检索网站：中国知网 （CNKI）[8]、百度学术搜索[9]、BASE 搜索[10]、

---

[1]　http：//www. nlc. cn

[2]　http：//imate. cascorpus. com

[3]　http：//www. natcorp. ox. ac. uk

[4]　http：//210. 72. 20. 108/index/index. jsp

[5]　https：//www. cnkeywords. net/index

[6]　http：//www. chinesethought. cn/TermBase. aspx

[7]　https：//unterm. un. org/UNTERM/portal/welcome

[8]　https：//www. cnki. net

[9]　http：//xueshu. baidu. com

[10]　http：//www. base-search. net

读秀学术搜索①、Faculty of 1000② 等等；六是官方网站和文件，例如，中华人民共和国外交部网站③、中国网双语文件库④等等；七是其他通用搜索渠道：百度、必应、知乎、豆瓣、微博、微信等搜索引擎以及社交媒体网站。

3. 熟练掌握计算机辅助翻译相关软件的能力

信息化时代，语言服务产品面临诸多挑战，如上文提到的市场需求量激增、交付周期变短、内容及形式渐趋多元且时效性较强等。CAT 工具在翻译行业及翻译活动中的重要性日益凸显，译者对相关软件、工具的运用能力已然成为评估职业能力及综合素养的重要指标。

三　发展前景

信息技术的高速发展与社会需求的不断扩张使得计算机辅助翻译领域迎来了"春天"。首先，在系统研发、软件设计方面取得了突破性进展；其二，语音识别技术、会议听写、舆情监控、技术写作等大批新型应用成果问世；其三，翻译模式从单人单机转向协同发展，从本地化走向云端，从单一的 PC 平台转为多元化的智能终端，还衍生出一系列生态整合性的众包翻译平台（周伟，2017）。但与此同时，该领域井喷式的发展也为翻译行业带来了新的挑战。比如，当前的翻译技术大多以句子为最大翻译单位，而翻译项目则以语篇为单位，二者之间的差异致使许多 CAT 软件忽略了语境对句子的影响，甚至造成关键信息的误读等较为严重的纰漏；CAT 系统内的翻译记忆库及数据库在创建过程中，需要数量宏大且条目琐碎的语料资源及其算法规则。若采用人工或双语对齐工具，不仅耗时耗力，且极易出现规则不一、格式错漏等问题；目前市面上大多数 CAT 软件价格较为昂贵，操作的

---

① http：//edu. duxiu. com

② http：//www. facultyof1000. com

③ https：//www. fmprc. gov. cn

④ http：//www. china. org. cn/chinese/node_ 7245066. htm

难易程度千差万别，且经常出现兼容性问题；对修辞丰富、风格鲜明的文学作品的翻译质量较低，乏善可陈。

上述现象从侧面证明了计算机辅助翻译具有巨大的发展潜力和进步空间。笔者在此提出以下几点建议，聊作展望：首先，深入发展基于语料、统计学与知识库的语言研究。推进知识库与数据库的规模化构建，最终形成以语篇分析为基础的翻译模型，加深 CAT 软件对文本语义的理解力。其次，翻译规则的创新。目前已有学者尝试使用"以语料库为基础、以统计为导向"（Corpus-based, Statistics-oriented Approach）的方法建构大型语料库，由人工设计语言模式（Language Model）及语言使用模式（Language Using Model），并结合计算机高度自动化的特点、优势，令其"自学成才"。这种方法不仅将译者从庞杂而琐碎的规则整理任务中解放出来，同时还增强了计算机"总揽全局、协调各方"的能力，能够有效对库内资源进行统筹管理与规范整合，确保翻译规则的一致性。再次，翻译模式的升级换代。目前的部分计算机辅助翻译软件已经开始探索"计算机辅助翻译 + 机器翻译 + 译后编辑"（CAT + MT + PE）的翻译模式。尽管该模式尚未普及，但可以预见，CAT 技术、MT 技术及大规模语料库建设的结合，注定是未来翻译模式的主要发展方向之一。最后，计算机辅助翻译领域普遍存在"重实践，轻理论""重技术，轻原理"现象。相关的理论建设方兴未艾、任重道远，未来应在此方面加大投入，使 CAT 领域的发展更趋均衡化、全面化。

此外，计算机辅助翻译的发展离不开各方的通力合作。从国家层面而言，可给予一定的宏观引导与鼓励，出台相应的优惠性、扶持性政策，为相关领域的中小型企业提供利好的发展环境、必要资金和技术支持；就企业而言，应该在研发用户友好型软件以及翻译模型方面重点发力，了解市场动向，增强产品、服务的实用性；对译者来讲，当务之急是进一步建立、健全与 CAT 软件配套的语料库资源；相关的教学与科研人员应积极探索计算机辅助翻译技术的理论建设及其教学方式、方法。此外，计算机辅助翻译的发展离不开数学、计算机科学、统计学等学科的发展与支持，未来应该在跨学科、跨领域的学术交流与成果共享方面加强合作，互为促进、相得益彰。

总之，计算机辅助翻译作为信息时代与大数据时代的产物，不仅顺应于时代发展的潮流，也契合了社会进步的需要。我们有理由相信，计算机辅助翻译的未来必定会向着更加专业化、智能化、便捷化的方向发展。在促进海内外文化交流与经济合作等方面发挥更多的"光热"，为我们呈现更多的惊喜。

附录 0 - 1   常见计算机辅助翻译相关软件

软件	官方网址
快译点	http：//www. 91kyd. com
雪人 CAT	http：//www. gcys. cn
雅信 CAT	http：//www. yxcat. com/Html/index. asp
译马网	http：//help. jeemaa. com
云译客	https：//pe-x. iol8. com/home
ABBYY FineReader	https：//www. abbyychina. com
AceProof	https：//www. aceproof. com
Across	https：//www. across. net/en
Alchemy Catalyst	http：//www. alchemysoftware. ie
Anaphraseus	http：//anaphraseus. sourceforge. net
Ando tools	https：//ando-test. readthedocs. io/en/latest/ando. tools. html
Anymem	http：//www. anymem. com
Sraya Suite	https：//context. reverso. net/translation/english-german/Saraya + Suite
Cafetran	http：//www. cafetran. republika. pl
Déjà Vu	http：//www. atril. com
ESPERANTILO TM	http：//www. esperantilo. org/tm
Fusion	http：//jivefusiontech. com
GlobalSight	https：//www. translia. cn/gs
gtranslator	https：//wiki. gnome. org/Apps/Gtranslator
iFinger	http：//www. ifinger. com
iLocalize	https：//ilocalize. net. cn
Initranslator	https：//github. com/aviaryan/initranslator

软件	官方网址
Langage Studio	https：//language. cognitive. azure. com
Language Weaver	https：//www. rws. com/language-weaver
Lingobit localizer	https：//www. lingobit. com
MateCat	https：//www. matecat. com
memoQ	https：//www. memoq. com
Memsource	https：//phrase. com
MetaTexis	http：//www. metatexis. com
Okapi tools	https：//www. okapiframework. org
OmegaT	https：//omegat. org
Poedit	http：//www. poedit. net
Pootle	http：//pootle. translatehouse. org
ppt. helper	http：//ppthelper. com
Practicount and Invoice	https：//www. practiline. com
Projetex	https：//www. projetex. com
QA Distiller	http：//www. qa-distiller. com/en
Qt Linguist	https：//doc. qt. io/qt-6/qtlinguist-index. html
RC-Wintrans	http：//www. schaudin. com/web/Home. aspx
Passolo	http：//www. sdl. com/products/sdl-passolo
Trados	http：//www. trados. com/en
Similis	http：//similis. org/linguaetmachina. www/index. php
Smartcat	https：//www. smartcat. com
Solid Converter PDF	https：//www. soliddocuments. com
Star Transit	https：//www. startransit. org
Stingray	https：//www. stingray. com
Swordfish Translation Editor	https：//www. maxprograms. com
Transit Satellite PE	https：//transit-satellite-pe. informer. com
TranslateCAD	https：//translationtospanish. com/cad/about. htm
Follow Up Translation	https：//www. follow-up. com. br
Translation Office 3000	https：//www. to3000. com
Transmate 企业版	http：//www. uedrive. com/products/Professional
Transmate 单机版	http：//www. uedrive. com/products/standalone

续表

软件	官方网址
Trans 传神	https：//www. transn. com
Visual Localize	http：//www. qast. com/eng/product/develop/visuallocalize/index. htm
WDTRAD	https：//help. windev. com/en-US/？3518010&name = wdtrad
WebBudget	https：//www. webbudget. com
Wordbee Translator	https：//wordbee. com/wordbee-translator
Wordfast	https：//www. wordfast. com
ApSIC Xbench	https：//www. xbench. net
YiCAT	https：//www. yicat. vip

第一章　翻译基础：翻译与本地化

　　翻译行业源深行远，积厚流光。发展至 20 世纪 80 年代，本地化翻译为其带来了新的灵感与视角。除对传统的语言转换外，本地化翻译还涉及多种技术的应用，与传统翻译行业相辉相协，共同引领现代语言服务行业的发展。本章遂以本地化行业的基本介绍入手，详述本地化与翻译的种种区别、联系，对这一行业今后的发展趋势亦有所展望。

一　概述

　　本地化在某种程度上是经济全球化的产物。20 世纪 80 年代初，以微软公司（Microsoft Corporation）为代表的软件开发公司开始拓展全球市场，这一动作对其翻译能力、质量与标准都提出了新的挑战。跨国公司在全球范围内以多语种发布的硬件、软件等产品需符合当地法律法规、行业技术标准与消费者使用习惯等多重要求。在此时代背景下，本地化行业应运而生。如今，本地化所涉及的行业日臻完善，服务的对象日趋多元，本地化翻译所采用的翻译技术和工具迭代愈勤。上述种种现象对翻译行业而言，是机遇也是挑战。不仅开创许多全新的研究课题，也为自身带来前所未有的瓶颈与阻碍。在本节中，编者将对本地化的定义及基本流程加以简述，阶段式回顾其在中国的发展，并进一步分析本地化和翻译之间的区别与联系。

（一）本地化的概念与目标

通俗意义上的"本地化"是 GILT① 产业中一个行业名称，针对其具体含义，国内外学者及业内专家的阐述各有千秋：

1. 贝尔·艾斯林克（Bert Esselink，2000：2）将本地化定义为"用另一种语言改编和翻译软件应用，使之在语言文化上适合某个特定地方市场的过程"；

2. 安东尼·皮姆（Anthony Pym，2004：1）从本地化的实际意义出发，将其解释为适应特定接受条件对文本所进行的调试和翻译；

3. 米格尔·A·希门尼斯 – 克雷斯波（Miguel A. Jiménez-Crespo，2013：12）认为，"'本地化'概念，即工业环境下社会文化区域和语言的结合，它既指数字文本为被不同社会语言学区域的受众使用而修改的过程，也指修改过程本身所产出的实物"；

4. 本地化行业标准协会 LISA②（Arle Lommel，2004：43）将本地化解释为根据不同市场的特点对产品或服务进行修改的过程；

5. 中国翻译协会（2011：2）将本地化定义为"将一个产品按特定国家/地区或语言市场的需要进行加工，使之满足特定市场上的用户对语言和文化的特殊要求的软件生产活动"。

综合上述定义可知，本地化是利用术语管理技术、计算机辅助翻译技术、翻译产品质量检查技术等相关技术、工具或模型对产品进行分解、转换、翻译、测试、修正，最后将翻译结果代换至源产品中，从而生成符合目标市场规定、合乎目标受众心理预期和语言文化使用习惯的本地化产品过程。这一过程所调整的内容既囊括传统文本，也涉及产品、服务，又涵盖产品名、惯用语、日期、时间、度量、数字格式、界面设计、颜色和图像、性别角色和语气等产品中一切能够影响受众感知体验的细节。

本地化的目标是使受众在使用语言服务产品时如量身定制一般，

① Globalization，Internationalization，Localization，Translation，即全球化、国际化、本地化、翻译。

② Localisation Industry Standards Association，2011 年因资金不足撤销。

毫无阻碍感。它并非原文和译文之间纯粹的语义层面转换，而是将语言、文化差异等深层对等关系考虑在内，例如，中国消费者海淘时能够看到中文界面并使用人民币和中国银行卡付款，这种良好的用户体验就得益于本地化应用。而全球化的深入发展使本地化的重要性日益凸显，在产品迭代迅速、市场竞争压力激增的今天，本地化能够利用市场和信息差帮助企业定位需求、延长商品生命周期，从而获得竞争优势、增加收益，具有巨大的市场潜力和发展空间。

（二）中国本地化的发展

中国本地化行业的发展与时俱进，旨在向国际水平看齐，按照发展程度大致可以分为四个阶段：

1. 萌芽、发展

改革开放推动我国翻译服务与世界接轨，开发全球业务的需要促使少数跨国公司开始在华成立分部或办事处，例如 1991 年，甲骨文（Oracle）在国内建立北京甲骨文软件系统有限公司，现为甲骨文（中国）软件系统有限公司；1992 年，微软在北京成立办事处；1992 年，IBM 成立国际商业机器（中国）有限公司；1994 年，思爱普（SAP）在中国设立办事处，开始对 SAP 的产品进行本地化①变革。同时，这些跨国公司的本地化服务促使国内相关企业萌芽，于 20 世纪 90 年代左右陆续成立。仅 1993—2001 年就有北京阿特曼计算机技术有限责任公司（北京汉扬天地科技发展有限责任公司的前身）、北京博彦科技发展有限公司（Beyondsoft，博彦科技股份有限公司的前身）、北京文思创意软件技术有限责任公司（Worksoft）、北京义驰美迪技术开发有限责任公司（北京天海宏业国际软件有限公司的前身）等企业纷纷成立。随后，更多的国内语言服务公司崭露头角，除承包国内工程外，这些公司还大力改良、革新其语言技术，有力推动了国内语言服务行业的升级。例如 1999 年，交大铭泰（北京）信息技术有限公司推出国产"雅信 CAT"计算机辅助翻译软件，并于 2004 年 1 月成为内地首

---

① 引自 http：//www. giltworld. com/E_ ReadNews. asp？ NewsID =359。

家在香港创业板上市的翻译公司；2002 年，北京天海宏业国际软件有限公司成立包含 24 种语言的测试实验室；2004 年 3 月，国家科技部正式认定北京博彦科技发展有限公司、北京文思创意软件技术有限责任公司和北京天海宏业国际软件有限公司为"中国软件欧美出口工程"试点企业，一批大型本土软件企业转型成为软件外包服务公司。6 月，北京多语信息技术有限公司启动 DTP 离岸外包新品牌 DocWiz，多语言排版成为自身对外服务方向。① 可见，在这一阶段，中国的本地化公司实现了从无到有的转变，并紧随世界趋势，茁壮成长。

2. 转型、并购

2005 年，思迪（SDL）和莱博智（Lionbridge）等国际本地化公司的并购以及国内市场战略的转变使得国内本地化行业结构发生重大调整。部分企业转型为外包服务商，其他公司则将自身定位为多语言服务提供商。前者以北京博彦科技发展有限公司和文思海辉技术有限公司等企业为代表，专注于提供软件开发、技术服务和系统集成建设等信息服务，后者则以博芬软件（深圳）有限公司和深圳市艾朗科技有限公司等企业为代表，致力于提供翻译、排版、多媒体工程等服务。

3. 规范标准

随后，与本地化相关的翻译协会陆续成立，本地化产业逐渐被引入有序发展的正轨，例如 2002 年中国翻译协会成立翻译服务委员会，2004 年设立中国本地化网，2009 年成立中国翻译协会本地化服务委员会，等等。众多翻译和本地化相关协会、组织以及承办的各大论坛峰会为业界人士、高校学者与国内外同行提供了交流平台。中国语言服务行业开始与世界相接相融，并逐渐被国际社会认可。如 2012 年 4 月翻译自动化用户协会（Translation Automation User Society，TAUS）于北京举办的 TAUS 亚洲翻译峰会；中国翻译协会联合举办 2015 年中国翻译协会语言服务能力评估（LSCAT）年会；2022 年 6 月举办第十届亚太翻译论坛，等等。

---

① 引自 http：//www. giltworld. com/E_ ReadNews. asp? NewsID = 359。

同时，本地化行业标准在这一时期渐臻完善。截至 2022 年，已出台 5 部国家翻译规范[①]，以及包括《本地化业务基本术语》（2011）、《本地化服务报价规范》（2013）、《本地化服务供应商选择规范》（2014）、《本地化翻译和文档排版质量评估规范》（2016）在内的 23 部团体标准与行业规范[②]。在国家政策引导和中国翻译协会的带领与支持下，中国学者的相关调研报告及著作亦取得了卓越成绩。截至目前，中国翻译协会已经出版了 4 部翻译年鉴[③]，9 部语言服务行业调研报告[④]，上述对国内近十年来语言服务行业（包括本地化服务业）的基本情况、发展趋势和主要问题进行了较为系统的总结与归纳。在这一时期，我国本地化业务发展有序、态势良好。

4. 稳步提升

2011 年，党的十七届六中全会提出"实施文化走出去工程"，翻译被纳入国家软实力层面。2013 年，随着"一带一路"倡议的提出，

---

① 5 部国家翻译规范分别为《面向翻译的术语编纂》（2002）、《翻译服务译文质量要求》（2005）、《翻译服务规范 第 2 部分 口译》（2006）、《翻译服务规范 第 1 部分：笔译》（2008）、《翻译服务 机器翻译结果的译后编辑要求》（2021）。

② 23 部团体标准与行业规范分别为《本地化业务基本术语》（2011）、《全国翻译专业学位研究生教育兼职教师认证规范》（2011）、《全国翻译专业学位研究生教育实习基地（企业）认证规范》（2011）、《本地化服务报价规范》（2013）、《口译服务报价规范》（2014）、《本地化服务供应商选择规范》（2014）、《笔译服务报价规范》（2014）、《本地化翻译和文档排版质量评估规范》（2016）、《翻译服务 笔译服务要求》（2016）、《口笔译人员基本能力要求》（2017）、《翻译服务采购指南 第 1 部分：笔译》（2017）、《翻译服务 口译服务要求》（2018）、《语料库通用技术规范》（2018）、《翻译培训服务要求》（2019）、《翻译服务采购指南 第 2 部分：口译》（2019）、《译员职业道德准则与行为规范》（2019）、《口笔译服务计价指南》（2021）、《司法翻译服务规范》（2021）、《专利文献翻译服务规范》（2022）、《多语种国际传播大数据服务 基础元数据》（2022）、《中国特色话语翻译 高端语料库建设 第 1 部分：基础要求》（2022）、《中国特色话语翻译 高端语料库建设 第 2 部分：系统架构》（2022）、《中国特色话语翻译 高端语料库建设 第 3 部分：抽样检验》（2022）。

③ 4 部翻译年鉴分别为《中国翻译年鉴 2005—2006》《中国翻译年鉴 2007—2008》《中国翻译年鉴 2009—2010》《中国翻译年鉴 2011—2012》。

④ 9 部报告分别为《中国语言服务业发展报告 2012》《中国翻译服务业分析报告 2014》《2016 中国语言服务行业发展报告》《2018 中国语言服务行业发展报告》《2019 中国语言服务行业发展报告暨"一带一路"语言服务调查报告》《2020 中国语言服务行业发展报告》《中国语言服务行业发展规划 2017—2021》《2022 中国翻译人才发展报告》《2022 中国翻译及语言服务行业发展报告》。

翻译业务量实现显著增长。而本地化翻译服务为消除我国与沿线国家之间的语言与文化隔阂，有效开展友好互动与经济合作打下了良好基础。同时，神经机器翻译、云计算、大数据、人工智能等技术的飞速发展也为本地化行业的发展提供新的动力源，例如 2015 年，百度上线自主研发的神经机器翻译系统；2017 年，国务院印发《新一代人工智能发展规划》，标志着人工智能成为我国建设创新型国家和世界科技强国的重要战略支点；近年来，以咪咕灵犀 AI 技术应用、科大讯飞晓译和网易有道翻译王等产品为代表的"AI＋翻译"应用愈加普及，成为相关行业发展的新态势。（余玉秀，2019：96）

中国的本地化行业历经几十年从无到有、由弱转强的发展，在秩序、规范、技术和业务能力等方面取得了稳步提升。随着我国经济对外开放水平的提高和全球化发展的持续深入，中国在全球本地化行业中的地位愈益显要。我国本地化企业将最优质的服务输送到世界各地，已然成为各行各业接轨国际市场、优化发展环境不可或缺的助力源。而在新时代、新机遇、新挑战面前，本地化语言服务行业的发展任重而道远。

（三）本地化与翻译

首先，人们常常将翻译和本地化的概念互相混淆。但二者在本质上是截然不同的——翻译一般指源语言文本和目标语文本之间的转换，而本地化是语言服务领域中一项集合翻译、工程、排版、测试等多项任务的综合性工程，其目的在于让产品、服务、广告等一切异域事物适应特定的市场。由此可见，二者既有联系，又有区别。

一方面，翻译与本地化相互促进。本地化翻译是本地化工程中的重要一环；而机器翻译和计算机辅助翻译等翻译技术在提升本地化工程效率、节约工程成本等方面起到重要推动作用：在 21 世纪以前，统计机器翻译（Statistical Machine Translation，SMT）和交互式机器翻译（Interactive Machine Translation，IMT）的发展、成熟是机器翻译得以大规模商用的重要技术支撑，例如，1992 年成立的 SDL 公司率先将翻译记忆技术应用于商业领域，相关的翻译记忆库和项目管理软件等不仅提高了语言服务的准确度，也保证了本地化流程的一致性。（Michal Kornacki，2018：94）随后，模拟人脑信息处理的神经机器翻译（Neural Machine Translation，NMT）诞生，它利用单一的大型神经网络直接生成翻译，大大提升了本地化翻译的效率。

另一方面，翻译与本地化各有侧重。具体来讲，本地化与翻译的差异主要体现为以下五点：

1. 内容特征：传统翻译主要是翻译文本，而本地化既包括文本内容转译，也涵盖非文本格式的符号、音频、视频、图像、程序和代码等翻译或者编译。

2. 工具技术：传统翻译包括口笔译，计算机辅助翻译工具使用频次相对较低；而本地化既包括翻译工具应用，也包含计算机相关技术的使用，例如抽取软件工具、格式转换工具、质量保证技术、屏幕抓拍工具、测试技术、排版工具和项目管理工具等等。

3. 工作流程：翻译遵循来稿、翻译、编辑、排版、校对、定稿的流程，整体较为简单；而本地化的流程则相对繁杂，任一本地化工程自启动至结项均涉及工作量统计、报价、团队组建、术语准备、翻译、检查、测试、总结反馈等一系列流程。

4. 成本耗时：与本地化相比，传统翻译的时间成本相对较低，且容错率较高。在部分题材，如文学和游戏文本中，译员尚有一定的自主发挥空间；本地化不仅工程时间长，而且任何改动都须得到客户的同意。

5. 报价方式：传统翻译分为口译和笔译，根据中国翻译协会本地化服务委员会颁布的《口译服务报价规范》（2014：2—3）和《笔译服务报价规范》（2014：2—4），口译译员的收费标准一般按照译员人数、工作天数、设备使用费等因素计算，笔译译员的译前准备阶段按照文件原件页数计费或按照所花费的小时数计费，翻译过程中则按照字数、页数或者条目计费；依据《本地化服务报价规范》（2013：17—19），在本地化过程中，文件译前/后处理、本地化软件编译、界面测试等一般工序按花费的小时数计费，而翻译部分则利用翻译记忆库对源语言文本进行分析，计算出匹配率和重复率等，即按加权字数计费。可以看出，传统翻译报价需要考量的因素较少；语言服务本地化则分为技术和翻译两大模块，分别根据所耗工时和字数进行计费，涉及的因素较多。

（四）本地化一般流程

国内外学者及行业专家对本地化项目包含的流程或步骤已有界定，例如艾斯林克（2000：17）将本地化的流程归纳为14个步骤——预售阶段、项目启动会议、源材料分析、计划和预算、术语准备、源材料准备、软件翻译、联机帮助与文档翻译、软件工程与测试、屏幕截图、文档桌面排版与工程帮助、处理更新、产品质量与项目交付，以及结项。崔启亮和胡一鸣（2011：7—10）认为本地化项目可分为5个基本程序，即工程、翻译、排版、测试与管理，和8个具体方面，即文件抽取与工作量统计、文件格式转换与标记、文件预翻译、检查并修正译文、生成本地化产品、修正产品的本地化缺陷、用户界面屏幕拍图和技术支持。《本地化服务报价规范》（2013：2—15）对四种主要的本地化工程按步骤规定了报价条件，从中可以归纳出中国本地化行业所接受的一般本地化流程（见表1–1）。

表1–1　　　　　《本地化服务报价规范》中的流程

工程 步骤	软件	文档	语音	多媒体
1	文件翻译前/后处理	文件翻译前/后处理	听写语音脚本	提取翻译文字和语音文件
2	翻译	翻译	翻译语音脚本	合成工程文件
3	界面布局调整	软件用户界面截屏	录音	调整控制参数
4	本地化软件编译	图形编辑—翻译	合成视频	生成文件
5	界面测试	图形编辑—制作	检查	检查
6	语言测试	桌面排版		项目管理
7	本地化功能测试	联机帮助编译及格式检查		
8	缺陷修复及回归验证	一致性检查		
9	术语表及翻译记忆库维护	缺陷修复及回归验证		
10	搭建测试环境	术语表及翻译记忆库维护		
11	编写测试用例	添加字幕		
12	项目管理	项目管理		

国际标准化组织技术委员会制定的《翻译服务——翻译服务要求》(2015：vi）将本地化的基本流程分为三部分（见表1-2）。

表1-2　《翻译服务——翻译服务要求》中的国际标准本地化流程

生产前流程	问询与可行性、报价、客户—翻译服务供应商协议、相关客户信息处理、项目准备
生产过程	翻译、检查、修订、复核、校对、最终测试及发布
后期流程	反馈和结项管理

从上述学者和相关机构对本地化流程的规定中可以看出，本地化的核心流程一般包括：

1. 项目预备。在项目正式开始之前，本地化服务公司设置程序，忽略无需翻译的内容，对文件格式进行必要的转码和编码。统计工作量，便于报价，同时得出分析报告，为团队的下一步工作提供指导。之后项目经理和语言主管为译员和工程师提供配套工具包，包括术语库、记忆库、风格指南和相应的本地化工程/翻译工具等等。

2. 翻译排版。译员对文本进行翻译、译后质量检查，并根据反馈意见修改；而后将源语言产品按照一种或多种目标语重新排版，调整页面和字体等细节，最终达到文字清晰、段落有序、整体美观的效果。

3. 测试修正。为保证最终产品的功能、布局和语言的准确性，翻译完成后需要对产品进行控件测试（或逐帧检查产品截屏界面）、语言测试、本地化功能运行测试以及缺陷修正等操作。

4. 结项管理。项目结束后需要对项目进行总结、归档，对术语库和记忆库进行更新，对客户进行满意度回访并撰写改进报告；等等。

此外，本地化的具体流程会根据项目类型做出相应调整，例如文档本地化与一般本地化流程略有不同，还涉及图形翻译、添加字幕等工序；语音本地化和多媒体本地化包含内容抽取/转录、翻译、合成和检查等步骤。总之，语言服务本地化项目的核心流程大致相仿，具体步骤则因具体项目的特点、要求以及不同公司的处理方式存在差异。

二 主要项目类型

技术是跨界交流的重要手段。网站、软件、应用、营销、多媒体和广播等项目都可以通过本地化技术适应目标用户的喜好，保持客户的品牌忠诚度。根据 LISA（Lommel，2004：21）出版的本地化服务规范手册，软件、工程/技术文档、网站等均为本地化业务的主要来源行业（见图 1-1）。

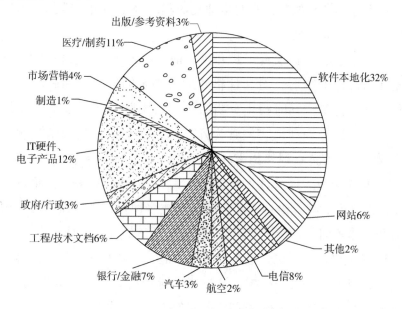

出版/参考资料3%
医疗/制药11%
市场营销4%
制造1%
IT硬件、电子产品12%
政府/行政3%
工程/技术文档6%
银行/金融7%
汽车3%
航空2%
电信8%
其他2%
网站6%
软件本地化32%

图 1-1　本地化业务来源行业构成

（一）软件本地化

"软件是按照特定顺序组织的计算机程序代码、数据和文档的集合。"（崔启亮、胡一鸣，2011：46）这里的软件不仅限于客户端程序，还包括视频游戏、网页的应用程序和移动应用程序等。换句话说，软件本地化是让软件适应目标用户的文化、语言和技术要求的过程，需要考量的方面大至法律法规，小至字体和连字符的选用。但目前考量的主体大多囿于用户界面、联机帮助文档、控件组件等核心内容的本地化，如在翻译字符串①时，不仅需要翻译文本信息，还须对界面中的选项位置、字体大小、文本长度等设计元素进行修改，目的在于提升用户体验。

（二）网站本地化

国际化企业往往会在其网站上为用户提供多种不同语言界面，以便将新功能、新内容、新产品、市场活动等及时推送给全球用户，提升宣传效率。这就需要对现有网站进行改造，用以适应不同用户的语言习惯、行为差异。此外，产品目录、电子商务和支持界面也需加以转译，译后的脚本不仅要与源代码保持一致，译后网站与源网站的设置、视觉效果、运行规则和信息都应兼容。

一般来讲，网站本地化包含三种策略：

1. 标准化策略，例如微软必应（Microsoft Bing）搜索引擎在所有地区的网站界面都是统一的（图1-2）。

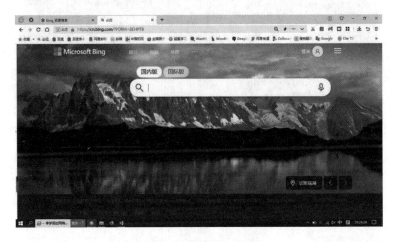

图1-2　微软必应搜索

2. 定制化策略，如百事公司在中、日、英三国官方网站界面的设计风格迥然不同（图1-3、图1-4、图1-5）。

---

① 字符串本是编程语言中表示文本的数据类型，由数字、字母和下划线组成，在本地化工程中则指的是用户在使用软件时，因操作变化而显示出的不同信息，例如错误报告、用户信息征集许可、权限要求或者其他提示信息。

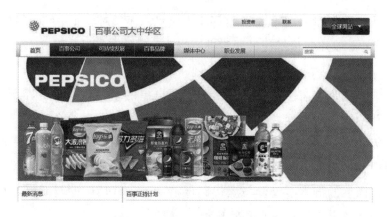

图1-3 百事公司中国官方网站

图1-4 百事公司日本官方网站

图1-5 百事公司英国官方网站

本地化策略,如世界自然基金会网站主页会"因地制宜"突出地域特色,增加本地读者的关注度(图1-6、图1-7)。

图1-6　世界自然基金会加拿大官方网站

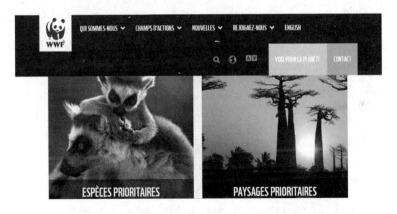

图1-7　世界自然基金会马达加斯加官方网站

(三)多媒体手册本地化

手册是介绍产品功能特征和使用方法的辅助性材料。(崔启亮、胡一鸣,2011:122)根据功能和目标读者的不同可分为两类,一是用户手册,包括产品说明书、用户操作指南、联机帮助等以 PDF、XML和 HTML 为主的格式文档,对格式和内容的统一性要求较高;二是企业手册,此类手册的特点在于重视用户体验和审美效果。其中的文本、图形、动画、链接、音频和视频等多媒体元素都需本地化处理,涉

及 .txt、.doc、.docx、.ppt、.pptx、.xls、.xlsx 和 .rtf 等格式的文件。其主要步骤包括文本录入、屏幕拍图、图像编辑、原始音频转录、配音/录音、动画制作、脚本翻译、字幕制作，等等。此外，多媒体本地化还包括为有特殊需求者提供服务，如为听障者提供的实时字幕。

（四）游戏本地化

游戏本地化是指根据游戏平台（台式设备/便携式设备）的硬件和软件规格，对用户界面与文本字符串、系统消息、游戏安装包、画外音、字幕文本等元素进行编程、翻译和转换，保证不同国家、地区的用户都能获得良好的使用体验。游戏本地化涉及多种不同类型的文本翻译，主要有以下 7 种：

1. 叙述型（narrative），关于游戏世界及角色信息；

2. 对话型（oral/dialogue），代表各个游戏角色对话内容的转录；

3. 技术型（technical），包含享受游戏所需的软件和硬件的详细信息；

4. 功能型（functional），作为菜单的一部分显示，允许玩家在不同的游戏选项中进行选择；

5. 教程型（didactic），训练玩家使用游戏程序；

6. 推销型（promotional），促使用户购买更多产品；

7. 法律型（legal），告知用户的权利和义务。

（Miguel Á. Bernal-Merino，2014：109）

游戏本地化与软件本地化大致相似，但在语言特色上稍有不同：游戏文本虽然同样倡导用词简洁、指示明确，但对其娱乐效果、语言审美以及文本与音频、界面三维结合的立体感等方面更加注重。因此游戏本地化通常存在一定的改动，如在《英雄联盟》（*Legal of Legends*）大陆服务器版本中，部分角色名和技能名便结合中国传统文化元素选择创译，得到玩家的普遍认可（图 1-8）。

此外，由于游戏的特殊性，不同国家/地区对暴力、血腥、色情成分的容忍度存在差异，需要根据当地法律法规予以删改，甚至重新设计图样，如《生化危机》（*Resident Evil*）这种以极端血腥为特色的游

图 1 – 8　幻翎·洛（Rakan，称号 Charmer）和
逆羽·霞（Xayah，称号 Rebel）

戏在引进澳大利亚和新西兰时，就对其中的血腥场面加以删减；或另寻权宜，将游戏中的血迹改为绿色，以尊重当地的文化传统和审美认知。

三　常用软件

软件本地化涵盖文本翻译、软件编译、软件测试和排版等工作，需要组合使用不同软件。包含操作系统、通用和专用功能在内的常用软件大致如下：

（一）操作系统软件

作为软件本地化项目的执行平台，操作系统的选择必须与被本地化的软件相适应。目前常见的操作系统包括 Microsoft Windows、Macintosh、Solaris、Unix 和 Linux，等等。以最受欢迎的操作系统 Microsoft

---

① "洛"与"霞"之名出自王勃《滕王阁序》中的"落霞与孤鹜齐飞，秋水共长天一色"。大陆服务器中两个角色的名字和称号并未直译。首先，英文原名 Rakan 和 Xayah 的第一个音节分别与洛与霞二字近似，暗示了两个角色的亲密关系。其次，幻翎和逆羽两个称号关照了英文原词的涵义和角色形象——"幻"取自 Charmer 的奇幻之义，"逆"对应 Rebel 的桀骜逆反之义，翎和羽则与二者所持的武器和形象设计相关。最后，两个角色的关系为革命伉俪，这一情节设定恰恰与"齐飞"和"一色"相贴合。

Windows 为例：

美国微软公司开发的这一专有商业软件操作系统于 1985 年问世，最初是作为微软磁盘操作系统 MS-DOS 的图形操作系统外壳，之后逐渐发展为占据垄断地位的个人计算机操作系统，可用于个人电脑及服务器（如普通版本和 Windows Server 系列）、移动设备（如 Windows CE 和 Windows Mobile 系列）、特殊设备（如为云计算所设计的 Microsoft Azure）和嵌入式设备（如 Windows Embedded Compact），等等。在本地化过程中，需要根据目标语、浏览器版本和网络环境等因素安装特定的操作系统。

（二）通用软件

通用软件主要用于软件本地化过程中的文件处理和通信交流，常见的通用软件包括：

1. 文字处理软件

文字处理是软件本地化的基本内容之一，常用文字处理软件有 Microsoft Word、Windows 记事本、Ultra Edit、TextPad、Komodo IDE，等等。

2. 表格处理软件

表格处理软件便于对任务进行管理和统计，例如软件测试结果和生成的术语表等。常用的表格处理软件有 Microsoft Excel，LibreOffice Calc 和 Apache OpenOffice Calc，等等。

3. 数据库软件

数据库软件通常用于企业的内部通讯、文件管理、软件测试中出现的缺陷（bug）管理，以及作为部分软件的运行支持。常用的数据库软件包含 Microsoft Access、Lotus Notes、SQL Server、DBeaver，等等。

4. 压缩/解压缩软件

为了降低文件、软件所占硬盘空间以便于传输，多数情况下，文件、软件都需使用压缩软件进行压缩，同时用户在使用文件、软件前又需要解压缩软件。常用的压缩/解压缩软件有 WinRAR、WinZip、

Bandizip、PeaZip，等等。

5. 文件上传/下载软件

软件开发商和本地化服务商在本地化项目过程中需频繁交换各类文件，例如本地化工具包、源语言软件程序、本地化任务结果，等等。为加速双方之间的文件传输、方便管理、增强安全性，互传需要在规定的文件传输协议（File Transfer Protocol，FTP）服务器上完成。常用的文件传输软件有 CuteFTP、LeapFTP 和 FlashFXP 等。

6. 屏幕捕捉软件

软件测试和文件排版要求对软件运行过程进行屏幕截图，如软件启动窗口、软件用户界面（菜单、对话框）等，按区域大小分为全屏幕、当前活动窗口和局部窗口捕捉。常用的屏幕捕捉软件有 SnagIt、SnapCrab、PicPick、RdfSnap，等等。

7. 图像处理软件

为满足本地化过程中对图像格式的要求，有时需要对屏幕捕捉的图像进行加工，如框定纰漏、编辑图像、改变存储格式等。常用的图像处理软件有 Adobe Photoshop、Affinity Photo、Paint Shop Pro、Windows 画图等。

8. 文件及文件夹对比软件

软件本地化通常需要比对软件在本地化前后的差异，例如，查看、比较源语言软件版本所在文件夹中的文件与编译后的本地化软件版本所在文件夹中的文件变化，有时还要纵向比较同一文件不同版本的内容。这些工作需使用文件和文件夹比较软件，常用的软件有 WinDiff，Beyond Compare，WinMerge，等等。

9. 文件合并与分割软件

源语言软件和本地化后的软件体积较大，为保证安全传输、便于下载使用，文件的传送方需借助分割软件将大型文件化整为零，分割成多个小型文件后进行传输。待接收方下载小型文件后，再使用文件合并软件将其合并、还原。请注意：文件的分割和合并通常使用同一软件，如 MaxSplitter 等。

10. 磁盘分区备份软件

软件本地化经常基于不同操作系统进行测试，包括 Windows 2010、Windows 2011、Windows NT4.0、Windows Vista 等。为了降低重复安装操作系统时间，需要对已安装的操作系统进行备份。Norton Ghost 是最常用的系统备份软件之一。

11. 计划管理软件

对软件本地化项目的计划与管理至关重要。为了明确项目的时间进度、资源分配、工作任务等内容，大型软件本地化项目计划的创建和更新需要使用专业的计划管理软件。目前使用较为广泛的相关软件是 Microsoft Project。

12. 通信交流软件

软件本地化项目实施过程中，信息的交流必不可少。不仅包括本地化服务商内部交流，还包括本地化项目管理人员与软件开发商之间的外部交流。除了电话、手机通讯，电子邮件是常用的交流工具外，对于某些时效性较强的问题，实时在线通讯软件是不二选择。内部交流可采用 Lotus Notes 等软件，外部交流采用 Microsoft Outlook Express 等软件；实时在线交谈软件选择更多，包括微信、QQ、Microsoft MSN Messenger、AOL Instant Messenger、Skype，等等。

（三）专用软件

1. 翻译记忆软件

软件本地化的翻译任务常采用翻译记忆软件提高软件翻译的效率和质量。当前，相关软件包括 SDL Trados、Fluency Now、Zanata、Memsource，等等。

2. 资源提取软件

有时，源语言软件界面（菜单、对话框和屏幕提示等）的字符需要使用资源提取工具。常用的资源提取软件包括 Alchemy Catalyst、SDL Passolo 等。

3. 桌面排版软件

软件本地化项目中，各类材料（软件用户手册、安装手册等）经专用桌面排版软件处理后方可印刷。常用的桌面排版软件有 Frame-Maker、CorelDraw、Illustrator、Freehand，等等。

4. 文件格式编辑软件

为符合软件本地化的要求，有时需要对文件格式加以转换。常用的文件格式编辑软件有 Help Workshop、HTML Workshop 和 HtmlQA 等。

5. 自动测试软件

自动测试是软件本地化过程中不可或缺的环节。根据软件的特点和本地化需求，可选用 Silk Test 等自动测试软件。

6. 其他根据软件本地化要求开发的工具软件

当难以找到适用软件本地化项目的通用工具软件时，就需要开发专用工具软件，例如，为编译软件本地化版本而开发编译环境所需的各种脚本处理程序。

四 技术和工具应用

全球化时代，语言服务需求剧增，根据中国翻译协会（2022：17—18）发布的《2022 中国翻译及语言服务行业发展报告》，2021 年中国以语言服务为主营业务的企业全年总产值为 554.48 亿元；开设机器翻译与人工智能业务的企业达 252 家，"机器翻译＋译后编辑"的服务模式得到市场的普遍认同。从上述数据来看，近年来我国的语言服务行业发展势头良好。在提高本地化翻译效率、保证术语和翻译风格一致性方面，翻译技术的正确甄选与应用至关重要。进入大数据、人工智能时代，翻译与本地化技术的发展更是日新月异，可以预见，未来各类应用程序的本地化翻译需求在语言服务行业中的占比将持续扩大。因此，下文将对本地化翻译技术与相关软件展开介绍。

（一）概述

本地化翻译技术一般包括可视化翻译技术、翻译记忆技术、机器翻译技术、翻译术语管理技术、质量保证技术，等等。

第一，可视化翻译技术使得译者在使用翻译软件的用户界面（User Interface，UI）翻译文本时，可实时观察并对照翻译的原文和译文在软件运行时的信息。当前许多软件本地化翻译工具已经配备可视化翻译功能，如 Alchemy Catalyst、SDL Passolo、Microsoft LocStudio 等。

第二，本地化翻译技术的另一项核心技术是翻译记忆技术。它可以帮助译者重复利用之前翻译的内容，完成术语的匹配和自动搜索，对相似度较高的内容加以提示、复现。随着翻译工作的持续开展，翻译记忆库会在后台不断更新、学习和自动储备新的翻译数据，从而进一步提升翻译的可重复使用率以及译者的翻译效率，让译文与原文在内容、风格和术语的一致性上有所保证。（丁玫，2018：251）本教材第三章将对翻译记忆技术加以详论，此处不再赘述。

第三，机器翻译技术可帮助译者快速获取译文，为译后编辑提供处理对象，提高翻译效率，从而更好地满足客户对信息的即时要求。一般来讲，机器翻译技术可分为独立式机器翻译技术和嵌入式机器翻译技术。独立式机器翻译技术基于独立运行系统，嵌入式机器翻译技术则借助开放应用程序接口（API）翻译文本，比如 SDL Trados、Déjà vu、memoQ 等均集成了调用机器翻译 API 的功能。

第四，翻译术语管理技术对术语管理工作助益良多，可以完成术语提取、术语预翻译、术语存储和检索以及自动化术语识别等工作。译者在对句段（segment）进行翻译时，可借助术语管理工具动态获得当前句段的术语及译文，将其添加至当前的译文中，也可将新的术语、译文录入术语库。

本地化翻译中术语管理工具又可分为独立式和集成式两种。独立式是单独安装和运行的术语管理工具，大致包括 Acrolinx IQ Terminology Manager、crossTerm、AnyLexic、Qterm、SDL MultiTerm、STAR TermStar、TermFactory、T-Manager、TBX Checker，等等。集成式术语管理工具指将术语管理功能与翻译记忆功能合并为计算机辅助翻译工具的一种新功能（丁玫，2018：252）。本教材第二章将对翻译术语展开详细介绍。

第五，质量保证技术改良了译文质量评测的客观性、一致性和效率，可以规避本地化过程中的种种缺陷，并帮助译者在翻译过程完成后自动摘取、凸显译文中的错误和警告信息等。而本地化中的质量保证工具包括 ApSIC Xbench、ErrorSpy、QA Distiller、Verifika 等独立式工具，以及类似 Trados、Wordfast、Déjà Vu、memoQ 等集成式质量保证工具。针对此类内容的论述详见本教材第七章。

总之，在本地化翻译过程中，对翻译记忆库、术语库、双语或多语文档等语言资产的维护和整理不可或缺，其中涉及翻译记忆索引优化、术语库转换、文档版本控制以及数据备份和恢复等等。对这些技术的正确甄选、运用可以保证本地化翻译的顺利开展。

（二）工具介绍

翻译技术是一个动态性、开放性的复杂系统，其内涵随时代发展和技术进步日益丰厚。翻译技术贯穿并赋能整个翻译过程，是翻译主体在翻译活动中所使用到的综合性技术。本节将对常用的本地化翻译工具进行介绍。

1. SDL Passolo

（1）简介

Passolo 作为一款功能强大的软件本地化工具，支持以 Visual C＋＋、Borland C＋＋和 Delphi 语言编写软件（.exe、.dll、.ocx）的本地化。Passolo 性能稳定、易于操作，没有编程经验的新手用户也可以直接使用。该软件的优势在于具有自动纠错功能。Passolo 隶属于 SDL 公司，公司旗下还拥有可适应译员、公司、翻译团队等多元使用需求的翻译工具 Trados，用于开票、报价及翻译业务管理的 Trados Business Manager、强大的术语处理工具 MultiTerm，以及神经网络机器翻译工具 Language Weaver。产品种类丰富、功能实用，且兼容性较好，相互间可以集成使用，有助于缩减人力成本，改进本地化的工作流程。

（2）功能

作为专业性的本地化工具，Passolo 的功能主要包括：

支持 VC 软件新旧版本套用资源或字典的翻译汉化；

支持 Delphi 软件使用专用通用字典翻译汉化；

利用已有多种格式的 Passolo 字典对新建方案进行自动翻译；

支持对 VC、Delphi 等软件的标准资源进行可视化编辑；

支持使用 Passolo 自带的位图编辑器对图片资源进行修改；

可以将目标资源导出，借用外部程序翻译后再重新导入。

（周伟，2017：87）

Passolo 自带 XML、NET、VB 和 Java 等数种插件（Add-in），专业编程人员可对相应的资源文件进行本地化编辑（图 1-9）。

图 1-9　Passolo 中文版软件

具体来讲，其产品优点主要包括以下几个方面：

a. 效率

Passolo 加快了软件本地化进程的速度，本地化处理效率也随之提升。译员无需具备软件技术背景和编程经验也能顺利操作，同时翻译流程不会影响 Passolo 环境代码，从而减少了诸多不便。

b. 准确性

全面的 QA 检查功能是 Passolo 的核心技术，使其能够提交内容准确、一致性较强的软件项目。通过集成访问 Trados 软件，Passolo 可重复使用之前的译文，确保译文和术语的连贯性与一致性。（周伟，2017：87）

c. 控制

Passolo 提供了较为全面的文件格式，用户能够在相同环境下接收任何软件项目。此外，借助全面的项目管理功能，Passolo 具备单击数次即可访问过往项目的功能，并集成了项目控制所需的全部工具（图 1-10）。

图 1 – 10　项目模块

d. 兼容性

做到完全兼容的 Passolo 能够让用户获得最大程度的灵活性，能够处理任何类型的软件项目。

（3）系统要求

Passolo 支持 Windows 7、Windows 8、Windows 10 和最新的 Windows 11 系统。对计算机的最低硬件要求为 CPU：Pentium VI，RAM：1GB，DPI：1280 × 1024。

（4）用途

a. Passolo 是当前最流行的软件本地化工具之一。它支持多种文件格式：可执行文件、资源文件和基于 XML 的文件。文本可译为多种语言以及书写方式从右向左的语言（如希伯来语和阿拉伯语）。

b. 软件便捷实用，使用者无需接受专门培训，可帮助企业节省大量时间及人力成本，优化本地化进程。此外，软件本地化工作可以在不接触源代码情况下完成。

c. 便于对翻译数据的编译、交换和处理。Passolo 的模拟翻译功能会在实际翻译之前检查软件，判定其是否符合本地化的要求（图1 – 11）。

d. Passolo 可以通过内部翻译记忆技术调用现有翻译资源。其模糊匹配技术能够同时搜索相似文本和精确匹配文本，用以提高翻译效率，缩短翻译周期（图 1 – 12）。

e. Passolo 支持常用的数据交换格式，能够与所有主要翻译记忆系统交换数据。其质量检查模块可以检查文本的拼写，自动识别截断重

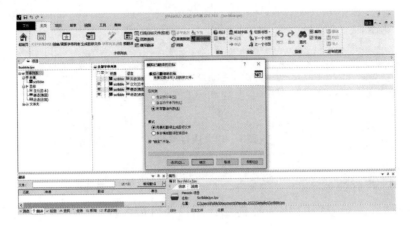

图 1 – 11　模拟翻译

图 1 – 12　翻译辅助程序之模糊匹配

叠的文本以及避免快捷键的误用。很多本地化过程中潜在的纰漏，Passolo 都可识别并及时规避。

f. 该软件也包含了 VBA 兼容脚本引擎并且支持 OLE。随时可用的宏能够让 Passolo 的操作流程更为便捷（图 1 – 13）。

（5）Passolo 版本

a. Professional 版本

Professional 版本作为独立的解决方案对大中型项目的本地化工作

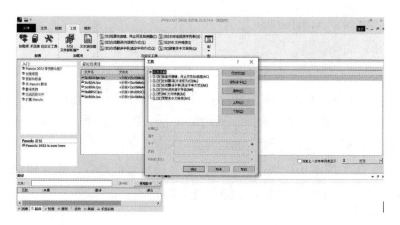

图 1 – 13　随时可用的宏

尤为适用。用户可借助翻译记忆库系统和术语数据库的附加功能，将翻译数据导入外部程序，获取译文与其他在线帮助。

b. Team 版本

Team 版本可创建和管理一定数址的翻译捆绑包，用户可使用免费的 Translator 版本对其加工、处理。还可通过单个 Team 版本许可，将整个项目（包括调整和测试对话框布局的任务）委派给外部译员。根据用户需要，可划分所管理的翻译捆绑包数量。

c. Collaboration 版本

作为最高级版本，SDL Passolo 可支持并加快开发流程。该版本使得本地化团队能够将客户源语言文件的改动及时反馈给译员，节约时间成本。

d. Passolo Essential 版本

SDL Passolo Essential 版本属于最新版 Trados 的基本应用程序。此版本支持用户自行创建、翻译项目，并生成本地化的目标文件。

e. Translator 版本

Translator 版本作为一款可以免费下载的编辑器，允许译员编辑 Team 版本所创建的捆绑包。它不能分析源语言文件或生成目标语文件，但可提供所需的其他所有功能。（周伟，2017：88）

2. Alchemy Catalyst

（1）简介

Alchemy Catalyst 诞生于爱尔兰，是一款口碑良好、功能强大的可视本地化工具。据公司网站介绍，世界上 80% 的大型软件公司进行本地化操作都会使用该款软件。其功能丰富、操作便捷、扩展性强，支持多种资源语言文件格式，如常见的 .exe、.dll、.ocx、.re、.xml 等，并遵循 TMX 等本地化规范，具有自定义解析器的功能，能够辅助软件资源（Resource）文件本地化翻译及工程处理。

（2）特色

Alchemy Catalyst 提出了关于软件可视本地化的完整解决方案，能满足商业用户及个人用户的使用需求，其特色有二：一是方案以资源树的方式呈现；二是可以对位图、菜单、对话框、字串表、版本信息等标准资源进行可视本地化，这意味着在 Alchemy Catalyst 的集成本地化环境（ILE）中，相关人员能够预览软件完成本地化后的界面。此外，Alchemy Catalyst 还有一系列专业工具，可辅助用户快速推进软件的本地化过程（图 1 - 14）。

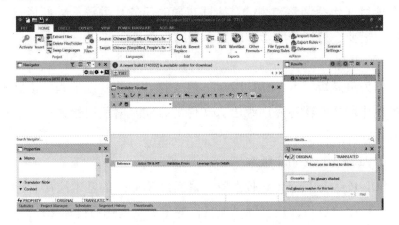

图 1 - 14　Alchemy Catalyst 用户使用

（3）主要功能

a. Leverage Expert——重用本地化翻译资源

Alchemy Catalyst 使用"重用专业工具"（Leverage Expert）对以往本地化译文进行重复使用。不仅提高本地化效率，也保障了本地化翻译的一致性。同时，该软件支持对多种格式翻译内容的重用，例如，可从过往的翻译工程文件（TTK）中导入翻译内容，也可以从 Txt、TMX 和 Trados Memory Workbench（TMW）格式文件中导入。在重用翻译内容时，可设置具体选项、对象类型及模糊匹配的百分比，还可以创建重用结果报告（图 1 – 15）。

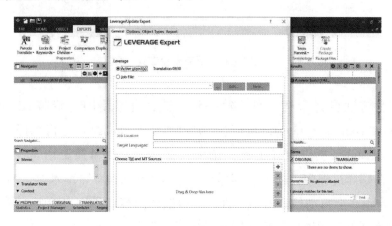

图 1 – 15　重用专业工具

b. Update Expert——更新资源文件

除前面介绍过的"重用专业工具"外，对更新较少的源语言资源文件可使用 Alchemy Catalyst 的"更新专业工具"（Update Expert）进行处理，即将源语言更新的一个（或多个）资源文件导入已经翻译的项目文件中，待更新处理后，可以得到需本地化处理的全新项目文件（图 1 – 16）。

c. Translator Toolbar——本地化翻译

Alchemy Catalyst 可对各类文件进行组织、整合。在客户提供的源语言工程文件中，可能包含多种类型的资源文件，例如，扩展名为 . RC 的原始文本格式文件，扩展名为 . dll、. exe 等二进制格式文件。

本地化翻译工程师可根据本地化项目的需要及个人使用习惯，采

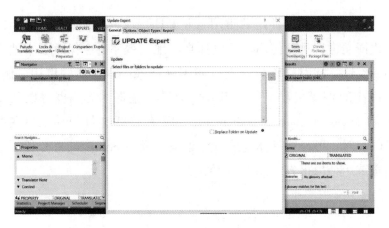

图 1 - 16　更新专业工具

取多种方法翻译上述文件。第一种方法，直接使用免费版 Alchemy Catalyst Translator/Lite Edition（不需要加密狗 Dongle）进行翻译。Alchemy Catalyst 提供翻译工具栏选项，支持可视化对照源语言与目标语。在翻译过程中，由于兼容多种格式（Txt、TMX 等）术语，Alchemy Catalyst 会自动检索术语文件，凸显翻译内容以供用户参考。同时，用户还可以对翻译单元添加锁定、预览、确定等标记（图 1 - 17）。

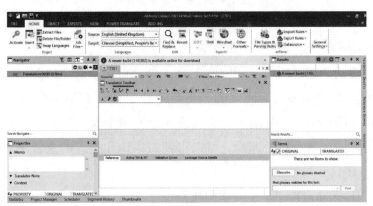

图 1 - 17　翻译工具栏

d. Pseudo Translate Expert——伪翻译专业工具

源语言资源文件的伪翻译（Pseudo Translation）是软件国际化设

计的重要组成，其本质是选择一种本地化语言模拟本地化处理结果。用户可以在本地化处理之前，预览、查看本地化过程中的潜在问题，如识别硬编码错误、调整控件大小，减少后续相关工作（图1-18）。

图1-18 伪翻译专业工具

e. Validate Expert——验证专业工具

源语言文件完成本地化翻译后可能存在一些本地化错误，例如，控件体积及位置上的错误、热键（Hotkey）的丢失等。用户可以使用Alchemy Catalyst的"验证专业工具"（Validate Expert）对其进行检查、订正（图1-19）。

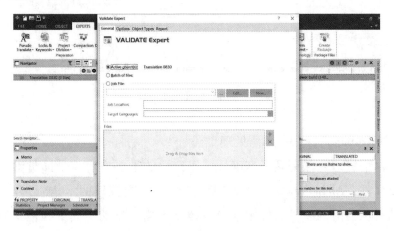

图1-19 验证专业工具

f. Generate Report——生成项目相关统计报告

统计资源文件中的各项数据是本地化项目管理的一项重要内容，它是本地化项目报价和分配翻译人力资源的重要依据。在 Alchemy Catalyst 用户界面的 Experts 模块，包括 Leverage Expert、Update Expert、Comparison Expert、Validate Expert 子模块下都设有"报告"（report）选项，勾选"生成报告"（Generate Report），即可实时获取想要统计的资源项目。

g. Analysis Expert——估算翻译成本工具

在评估项目的翻译成本时，通常需要借助"估算翻译成本专业工具"（Analysis Expert）功能。Analysis Expert 基于翻译记忆技术，可以计算翻译项目中所需翻译的单词数量以及过往译过的单词数。Analysis Expert 通常由项目经理或译员操作，用来确定翻译项目所花费的时间与成本（图1-20）。

图1-20　估算翻译成本专业工具

h. Terminology——术语处理

术语管理是保证翻译准确性、一致性的重要内容，是译员参考的主要文件。Alchemy Catalyst 为用户提供了性能较佳的术语管理功能，可随时从当前的项目文件中抽取本地化术语，自动生成多种格式的术语文件，包括 Txt、TMX 和 TMW 文件（图1-21）。

图1-21 术语功能区

对比两款软件，在同等条件下，推荐入门级别的本地化人员使用 Passolo，因其易于操作，无须接受专业培训，且与 SDL 旗下其他产品兼容。对于业务较为熟练的本地化工作者，推荐使用 Alchemy Catalyst。该软件的设置与功能都更为完善，且无须支付额外更新费用。

五 行业发展趋势

宏观而言，本地化不仅能够有效推进跨国公司产品的全球化、节约时间成本，其过程中所应用的技术、工具、方法对传统翻译公司的能效与翻译工程质量也大有助益。随着经济全球化的深入发展，本地化这一新兴行业的市场需求将只增不减，前景蔚为广阔。

面对本地化行业发展趋势，国内外学者基于事实的调查、考证，从不同角度作出推断，例如，王华树和刘明（2015：82—83）在云计算和大数据的时代背景下，从技术角度着眼，指出本地化未来拥有四个发展方向：一是可视化，即在本地化过程中整合可视化翻译技术，以便工程人员对结果进行预览；二是自动化，即引入自动化技术代替初级人工翻译工作、自动处理更新等，能够显著降低工程成本；三是敏捷化。本地化的各个流程不仅可与开发进度同步，其后期安排与前期工程也可同时进行，在高效循环中迅速解决问题；四是云端化。云计算技术促进了语言技术和服务的集成，本地化企业能够根据需求，自由定制本地化技术。崔启亮（2019：114）认为，"从语言服务提供商到语言解决方案与多语言国际咨询服务供应商"为中国本地化公司未来的角色转变提供了方向。黛比·福拉隆（Debbie Folaron，2020：214）还进一步关注客户的需求——"未来的本地化项目将会逐步实现自动化，也即自动化管理和翻译系统的融合，显著减少手动操作，并根据用户要求快速生成本地化内容"。卡伊坦·马利诺夫斯基（Kajetan Malinowski）和詹姆·普尼希尔（Jaime Punishill）（2021：2—3）则对本地化企业的数字化转型趋势以及人工智能对本地化翻译模式的影响等方面做了深入探讨。

从上述推论可以看出，本地化行业未来的发展依旧由两个主要因素驱动：客户需求和技术进步。

就客户需求而言。首先，在全球化深入发展、信息爆炸的时代，丰富多样的传播渠道与传播媒介使得内容性与时效性成为决定商业活动成败的关键所在。这就对本地化和翻译公司项目交付的期限提出了更高的要求。其次，虽然有道翻译或百度翻译等移动应用程序早已实现了实时翻译功能，可以"让用户以手动输入文字或拍摄单词的方式获得实时翻译"（Johann Roturier，2015：191），但可穿戴式设备又催生了对语音技术的需求，因此建立语音输入—语言处理的对话交互模型将成为语言服务提供商新的战略目标；其三，为政府、企业、高校定制机器引擎和语言服务也是本地化行业发展的当前着眼点之一，例如开发远程口、笔译实践平台、在线机器翻译引擎和定制语料库，等等。

就技术进步而言，"以云计算、大数据、AI、物联网和区块链为代表的新技术，驱动了翻译数据的开放、流动和共享"（王华树、王鑫，2021：14）。在此基础上，信息技术的变革和翻译技术的升级促进了本地化行业的增长。第一，神经网络机器翻译和人工智能的飞速发展为本地化公司削减翻译成本带来了可能，前者能够利用记忆库等工具辅助译员加工译文，后者能够对需要专业人工翻译参与的部分加以识别，并筛选出难度较低的译文进行自动化翻译，提升工作效率、缩减翻译成本并保证翻译质量，例如全球翻译、开发和测试解决方案提供商——北京莱博智环球科技有限公司就已经开始使用人工智能技术跟踪译文质量，自动选择与该项目最匹配的译员。第二，云计算技术利用云端存储，集中语料库、服务器等翻译资源，可帮助中小型本地化公司减少初期翻译投资成本；同时，云计算系统的即时协作模式使得本地化过程中一系列流程的共时处理成为了可能。第三，技术进步利于本地化公司对团队人员、运营流程和技术进行优化，例如通过提前输入、非翻译内容拦截器、术语检测、单词校正等功能的应用进一步提高翻译效率。（Malinowski、Punishill，2021：3）

　　当然，本地化行业也面临着诸多挑战，例如相关人才严重短缺、高素质本地化员工容易流失、开放式资源平台引发数据安全风险，等等。但本地化行业发展过程中所遇到的既是阻障与瓶颈，也是挑战与机遇。以我国为例，在"一带一路"倡议和人工智能被列入国家发展战略的时代背景下，我国本地化行业方兴未艾，后劲十足。这会加强相关领域专业人才的培养，制订严密的行业规范、标准，并加大对本地化技术开发的资金投入，拓展国际合作，为语言服务产业的发展提供积极、利好的宏观环境。

第二章　译前准备：术语管理与翻译

梅尔拜在《机器翻译：翻译之鼎》（"Machine Translation：The Translation Tripod"，2010）一文中指出，翻译项目可视作一个三足之鼎。其三足可代表源语言文本、翻译要求（specification）和术语系统（terminology）。（转自王华树，2013：11）由此可见，术语系统及其收集、应用是计算机辅助翻译的速度与效率的重要支撑。本章将对术语的定义、特点及主要表现形式等展开介绍，详细阐述计算机辅助翻译项目中的自动术语抽取、术语库的构建与使用，以及与术语相关的管理策略。

一　定义、特点和表现形式

对术语进行规范性界定并非易事。随着不同群体语言习惯的变迁，文献学、术语学的不断发展，术语的定义也随之变化，衍生出不同的表现形式。

（一）定义与特点

首先，术语通常用于特定的语用领域和专业范畴。根据我国2019年发布的国家标准《术语工作 原则和方法》（GB/T 10112），术语的定义包括三类：第一，约定定义：为了特殊目的将某一词汇应用在特定场合下所形成的定义；第二，例证定义：通过指出或展示一个或多个客体的实例而给出的定义；第三，专业概念定义：反映某一特定专业领域内的专业或技术知识的概念。综合上述,编者认为术语是指在某一专业领域内,用于指代特定科学概念、承载独特语言信息的语言符号。同时,术语一般具有专业性、科学性、单义性、系统性等特征。

1. 术语的专业性主要将其自身与日常用语区别开。作为专门用途语言（Language for Specific Purpose）的组成部分,术语属于某一特定的知识或者学科,具有明确的对象和使用限制范围,比如"China"一词,在国际关系领域特指"中华人民共和国",在日常生活中写作小写的"china"指代"瓷器"。而作为经济术语的"衰退",需要经济学家根据消费者物价指数（CPI）等数据进行评估,方能指代"经济衰退、经济下行"。若在日常语境中,可直接表示"嗅觉衰退""影响力衰退"等含义。

2. 术语的系统性并非一种独立的存在,而与上下文语境紧密相关,"在一门科学或技术中,其地位只有置于专业的整个概念系统中才能加以规定"（钱多秀,2011:93）。以"软件""硬件"概念为例,在计算机内部安装、运行无形且不可视的程序称为"软件",而计算机可视的键盘、鼠标、主板等具有可见外形的实体部分称之为"硬件"。"软件""硬件"的理解和使用,与计算机其他术语如 CPU、主机、内存等概念密不可分,是计算机整体概念体系中的一部分。又如"heart"一词在医学术语中指"心脏","heart attack"意为"心脏病发作"。在一般场合,"heart"的抽象含义更为常用,指代"心意""爱心"等。

3. 术语的单一性指在特定学科中,术语所阐述的概念与其所指代的对象具有唯一性。一旦确定了术语所适用的专业学科,术语及其所指概念之间便建立起一一对应的关系。但在不同学科中,同一个对象却可以对应多个不同术语,例如:"摩擦"一词在物理学中特指做相对运动的两种物体,彼此接触面所形成的阻碍现象;在体育竞赛中专指两支竞赛队伍由于不服判罚结果而产生的冲突;在政治领域特指国家之间产生的政治对抗和博弈。

4. 术语的科学性指术语指代的对象往往定义清晰、特征明确、表达规范。如"抗体"在医学领域表示机体由于抗原的刺激而产生的具有保护作用的蛋白质。它（免疫球蛋白不仅仅只是抗体）是一种由浆细胞（效应 B 细胞）分泌，被免疫系统用来鉴别与中和外来物质如细菌、病毒等的大型 Y 形蛋白质，仅被发现存在于脊椎动物的血液等体液中，及其 B 细胞的细胞膜表面。又如，"cabinet"指在议会内阁制国家，由议会中占多数席位的某个政党或政党联盟联合组成咨询机构，其本质上是一种国家中央政府的组织形式。

（二）分类

根据内容、意义，术语的种类不一而足，主要包括单义术语、多义术语、多源术语、同义术语、同音术语。

单义术语：术语及其所表达的概念之间形成严格的一一对应关系，在各类文本中较为常见。一个单义术语只能表达一个概念，比如"田野调查""社会学""USA"等。

多义术语：同一术语用以表达多个概念。在特定专业内部，术语具有单一性；但如果其应用领域未加指明，会出现许多"一词多义"现象。例如"object"在英语语法范畴内除特指"宾语"外，也可泛指"目的""物体"等等；"滞胀"既可以指代物理学科的材料变化，也可以用来形容一种经济状态。

多源术语：同一术语在跨语言转换过程中可以有多种表达方式。例如，"概率"可以用"rate""ratio""percentage""chance"等表示；"车站"则有"stop""station""depot"等翻译方法。

同义术语：两个或两个以上的术语表示同一个概念，但其具体应用有时会依据语境存在细微差别。比如，"realm"和"kingdom"都可以指代"领域、国土"，但"kingdom"强调政治或宗教意义上的国家概念；"realm"则侧重于地理意义及抽象范畴。因此，若文本欲表达"国家"意义，使用"kingdom"较为贴切。

同音术语：同音异形异义术语和同音同形异义术语的合称。前者指两个及以上术语的发音相同，但指代概念和传达信息判然相异，例如

"世子"和"士子","宝剑"和"保健","read"(阅读)和"reed"(芦苇)等。同音同形异义术语则是同一词汇在不同专业领域可以指代多个概念,且各个概念之间的关联性较弱。例如"新生"在医学领域意为"新出生",在哲学则代表一种精神的通达状态;"blue"在文学作品中多指"忧郁、悲伤"之意,在物理学领域及日常生活中则表"蓝色"。

(三)表现形式

术语具有多种表现形式,根据描述对象及应用领域的特点,可分为单词型术语、词组型术语和多词表达式。

单词型术语指以单个词汇的形式出现在文本中的术语,如"显示屏""键盘""字母"等。作为其他类型术语的组合基础,单词型术语可以派生、衍化出新的术语,如将"行政""拘留"加以组合,得到"行政拘留";将"tooth"和"paste"合并为"toothpaste"。就汉语中的单词型术语而言,我国计算语言学家冯志伟(2004:18)指出,根据语素构成,单词型术语可以进一步分为单纯词和合成词两类。单纯词由一个自由语素构成,如"笔""信";合成词则由两个或两个以上的语素构成,例如"书桌""锅台"。

词组型术语又称多词型术语,是由多个词汇构成的术语。与单词型术语相比,其数量较多,变化形式也更加多样,缘由在于"经济律",即某个新概念出现时,与其重新造词,人们往往更倾向于结合原有的单词型术语来表示新的概念(冯志伟,2004:35)。如此一来,术语系统可以在保持原有的单词型术语数量基本稳定的基础上,源源不断地生产新的多词型术语供人们使用。

词组型术语在语义方面具有一定的特殊性,术语可以以单个词汇为单位拆分,但拆分语义与原本语义并非完全相等,如"转让背书"指一种特定的汇票权力转让,将其拆分为"转让""背书"后,二者分别指代不同的活动,语义也与"转让背书"存在区别;又如"game"和"theory"可以构成新词"Game Theory"(博弈论),代表一种"研究具有斗争或竞争性质现象的数学理论和方法",与原本的语义"游戏"

"理论"相去甚远。

就词组型术语的构成而言，需要遵循一个原则——术语由若干个句法单位共同构成，词汇的前后位置与其之间的逻辑关系有关，不可随意调换。此外，中、英文的词组型术语在构成方式上也有所差异。英文词汇通常以分隔符（空格）分词，词汇之间的关系较为松散，结构形式简单明了，使用者可根据需要，对自由组合词汇，获得代表特定含义的术语。冯志伟（2004：35）指出，汉语的构成方式可以大致分为6种结构：联合、偏正、述补、述宾、主谓、重叠，这也是词组型术语的6种结构。下文编者将基于以上结构，对词组型术语进行详述：

1. 联合结构：词组中的词与词之间关系平等、并无互动，以并置的形式组成并列结构，如导入/导出、春耕/秋收、扩张/收缩、通/行等等。

2. 偏正结构：词与词之间为偏正关系，位置在前的词汇是修饰语，位置在后的词汇为中心语，前面的词汇对后面的词汇具有修饰、限定的功能。例如，数据/模型、调研/报告、累积/误差、对称/结构、绝对/优势等等。

3. 述补结构：位置在前的词语承担述语的功能，位置在后的词作为补语，补语的信息对述语构成补充关系，如打/散、铺/匀、照/亮等等。

4. 述宾结构：位置在前的词是述语，位置在后的词为宾语。前面的述语对后面的宾语形成支配关系，宾语的动作依附于主语，如研发/产品、编制/程序、控制/操作等等。

5. 主谓结构：位置在前的词汇为主语，位置在后的词汇为谓语，主语和谓语互相搭配用以描述信息，如系统/运行、数据/存储、经济/运行、价值/波动等等。

6. 重叠结构：位置在后的词汇对位置在前的词汇进行语义复制（汉语中常见的同义复用现象），词汇之间形成重叠关系，比如：调兵遣将、民风民俗等。

多词表达式（multiword expressions，MWEs）——自然语言中一类固定或半固定搭配的语言单元（龚双双等，2018：40），是术语的一种重要表现形式。在区分专业领域的应用时，多词型术语可以认作一种多词表达式。

多词表达式还包括集合型短语、搭配、标准化文本、术语缩略形式、固定或半固定的短语、复合词、助动词、习语、动词短语、搭配等多种不同形式，例如，"急性上呼吸道感染""可支配人均收入""perfectly competitive markets"。尼科莱特·卡尔佐拉里（Nicoletta Calzolari）等研究人员在《迈向计算机词汇中多词表达式的最佳实践》（"Towards Best Practice for Multiword Expressions in Computational Lexicons"，2002：1934）一文中指出，部分或整体多词表达式具有以下特点：句法及语义的透明度降低；语义合成性的减少或缺乏；状态（或多或少）的特定性或固定性；可能违反某些一般的语法模式或规则；高度词汇化（取决于实际因素）以及高度规约性。基于以上特点，多词表达式能够广泛应用于机器翻译以及文本挖掘等领域，对提高当前机器翻译译文的质量、跨语言检索和数据开发等方面具有重要意义。

二　自动术语抽取

随着术语数量的不断增加，术语抽取方法随之改进。20 世纪 30 年代初，奥地利术语博士欧根·于斯特（Eugen Wuister）正式创立"术语学"。自 20 世纪 80 年代起，基于不同学科及研究目的，海外术语自动抽取技术的相关研究取得快速发展，术语抽取开始由人工转向自动化，人机结合或计算机全自动抽取成为主要抽取途径。计算机术语抽取能够匹配翻译项目和术语库中的内容，抓取重复频率高的术语进行统一翻译，处理速度快、内容涵盖广。近年来，计算机辅助下的术语自动抽取已经逐步发展为专门学科，主要研究特定领域语料库中，通过自动或半自动方式获取领域内术语的相关问题（许汉成，2017：43）。在此过程中，语料库作为术语抽取的主要来源，对确保后续流程的顺利进行至关重要。本节将首先介绍一些语料库的基础知识。

（一）语料库

语料库（corpus）一词最初源自拉丁语，意为"body"，是存储语言材料的数据库。在计算机辅助翻译的相关实践中，语料库所储存的数量宏巨、来源可靠的语言材料已然成为确保翻译活动顺利进行的重要基础。

王华树（2015：61—62）基于用途、时效性、语体等标准，对语料库进行如下分类：一、根据不同用途，可以分为通用语料库和专用语料库。通用语料库一般用于一般性语料研究，建库的标准较高，要求较为严格；专用语料库主要用于研究特定领域的语言变体，例如公示语语料库、旅游宣传语语料库等。二、按照时效性的差异，可分为共时语料库和历时语料库。共时语料库主要收集某个时间点内的静态语料，如历年国庆节政府发言汇总语料库；历时语料库则针对某一时间段的语料进行搜集、整合，如改革开放三十年通用语汇总语料库等。三、语料库还可根据不同的语体，分为书面语语料库和口语语料库，其内容分别为书面语和口语中的常见语料。

此外，还可以以语种为标准，将语料库分为三类：单语语料库（monolingual corpus）、双语语料库（bilingual corpus）和多语语料库（multilingual corpus）。单语语料库只收录一种语言的语料。双语语料库和多语语料库收录某种语言译成另外一种语言或多种语言的语料，可进一步细分为可比语料库（comparable corpus）和平行语料库（parallel corpora）。可比语料库是表述主题相同的多种语言文本的集合，源语言文本和目标语文本之间没有严格的翻译对照关系，多用于语言对比研究，比如不同语言针对同一事件的新闻报道的集合等。平行语料库又称对齐语料库，由源语言文本及其对应的翻译文本共同构成。在平行语料库中，源语言文本与目标语文本之间相互对照且完全对等，能够为各个层次的文本提供单词、句子和段落多种级别的翻译对照，收录内容较为全面。同时，专业平行语料库还包含大量的源语言术语以及特定译称，对术语抽取环节乃至翻译实践的全过程都有不可或缺的奠基作用。

（二）自动术语抽取基本步骤

以语料库中海量的语言材料为基础，计算机自动术语抽取技术逐渐从"设想"照进了现实。国内外学者曾针对该技术的具体操作步骤提出许多建设性观点。其中，克里斯蒂安·杰奎明（Christian Jacquemin）和布利高·迪迪尔（Bourigault Didier）（2005：605）将从原始语料库中提取术语的操作分为以下几个步骤：（1）预处理：过滤文本和删除格式字符；（2）解析、抽取术语；（3）对交互式术语库的构建与管理。张霄军等（2013：60）认为，术语自动抽取软件系统包括基础资源层、学习层、应用层以及服务层，四个层级分别与自动术语抽取过程中的四个步骤相对应：基础资源层为术语抽取提供大量真实可靠的语料，学习层主要负责对语言分析工具的记忆，以便对语料进行必要的相关分析，应用层则批量抽取语料中的术语，并对新术语及已有术语加以标注，服务层将术语抽取软件系统与术语网络信息服务系统相结合，使得该技术面向社会、惠及大众。另外，张雪等（2020：2064—2065）也对术语抽取过程进行概括，首先确定了语料库文本特征及类型，随后由计算机使用语言处理器或基于统计的启发式规则生成术语候选集，最终根据进一步筛选，剔除假术语，获得真正术语集。

编者认为，术语抽取过程应包括以下基本步骤（图2-1）。

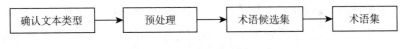

图2-1　自动术语抽取基本步骤

在对术语进行抽取的过程中，需要对待抽取的文本类型进行确认，并根据文本的写作特征及内容的所属领域设置预处理步骤，例如新闻类文本，写作规范程度较高，语言更加正式，预处理步骤相对简单；而博客类文本写作规范程度较低，使用大量的缩略词及网络流行语，预处理步骤较为繁琐。

文本类型确定后，相应的预处理操作随即展开。这一环节的原理是：由机器切分文本，将整体语篇划分为更小单位的句子或词语，便于机器读取和确认。预处理可以分为两种，一种是简单预处理，一种是复杂预处理。简单预处理通过标注停用词划定句子边界，对相关语段标识；复杂预处理的操作步骤更多，包括划定并标注词性、句法分析、词干化和语料对齐等等。两种预处理模式的语料分离、词汇提取及词性标注等操作都是在甄别停用词的基础上完成的。停用词即文本中不参与术语构成的词汇，可视为一种人工赋予的文本分割符号，用以划定机器对术语进行读取与抽取的范围，能够有效避免计算机误读。在术语抽取过程中，机器将自动绕过停用词，对其他部分的术语加以抽取。中文材料所用的停用词主要有代词"他""他们""它""我们""你们""你"等，连接词"但是""如果""因为""所以"等和副词"地""相当""极其"等。英文材料在书写过程中使用空格分隔词汇，使用者可以根据个人需求自定义停用词表，例如代词"she""he"或系动词"is""are"。

完成预处理环节的一系列操作后，可以得到候选术语集。候选术语分为两种——真术语和假术语，对真、假术语加以甄辨、分离后，方可得到最终术语集。真术语指词汇内容划分合理、含义明确科学，能够直接用于后续翻译的术语。假术语往往存在词汇划分失当、读音拗口、含义模糊、成分冗余等问题，形似术语而非术语，需经过进一步筛选和处理，例如对"凡是在这个范围以外的数据就被认为是异常数据"这一语句进行预处理时，可以得到如下候选术语："这个范围""范围""数据""异常数据""以外的数据"等。其中真术语为"范围""数据""异常数据"；假术语为"这个范围""以外的数据"。

（三）抽取方法、识别原理及模型

术语抽取方法的发展史整体上可以分为两个阶段。研究初期，主要使用经典抽取方法，即从语言本身出发，基于语言特征和特定规则进行抽取。后期抽取方法逐渐扩展到语言外部，开始对一些深层关系加以考量。（袁劲松等，2015：8）

经典术语抽取方法主要分为三种：基于语言学的方法、基于统计学的方法以及语言学和统计学混合的方法。早在1994年，杰奎明研究出的 FASTER 系统就已开始使用语言学方法抽取术语，这一方法的原理是通过计算机提供的技术支撑，利用词法模式、词形特征、语义信息等信息对术语的特征加以归纳，构建出一系列规则，并按照规则抽取术语（转自翟羽佳等，2022：72）。这一方法将人工智慧与计算机技术相糅合，首先由人工构建规则，然后交由计算机执行，在术语抽取的准确率方面具有一定优势。然而，由于不同专业领域的术语庞杂，彼此遵循的抽取规则也相去甚远，该方法在实践操作中难免遇到困难。

　　鉴于语言学方法抽取术语的局限性，利用词或词组分布频率抽取术语的统计学方法逐渐进入了人们的视野。其基本原理是：文档集合经过预处理后，首先使用简单的统计方法对其进行过滤，比如词频统计法、TF-IDF 统计法等，从而生成术语候选词集合；然后按照阈值设定将大于术语评分阈值的候选词（或者按照数量要求将得分高的候选词）确定为真正术语（张雪等，2020：2067）。相较于语言学方法，统计学方法的操作流程较为简单、高效，无需领域专家、人工标注数据和外部词典辅助，也不限于某一专门领域，在通用性、可行性方面优势显著。但值得注意，该方法的可靠性和抽取效果主要取决于语料的质量和规模，具有一定的不确定性。

　　综上所述，语言学和统计学的术语抽取方法可谓瑕瑜互见。而混合方法作为该领域的"后起之秀"，自开创至今已取得了长足发展。其中较有代表性的是卡特琳娜·弗兰奇（Katerina Frantzi）等人提出的 C-value 方法。（转自张雪等，2020：2070）该方法将语法规则和统计信息相结合，使用时首先通过语言规则筛选得到候选术语集，然后根据统计词汇指标（例如词频）的分布特征进一步过滤材料，并结合候选术语的单元性和领域性，最终提取到满足要求的术语。总之，混合型方法提升了不同领域的关联程度，对提高术语提取的准确率大有助益。

　　以上三种经典术语抽取方法都结合术语本身的特征，借助语料库进行抽取，其最终抽取效果难免受限于语料库的质量和规模。据此，常见的中小型语料库无法保证抽取术语的丰富度与完整性，而大型语料库虽然能够有效地规避这一缺陷，但其创建过程所耗成本甚巨。鉴于此，学界开始逐渐从浅层的语言信息分析（语言本身的特征）转向深层的结构信息分析，将外部可用的知识库（例如维基百科、Word-Net、参考语料库等）、语义信息、图结构及主题模型等补充信息应用于自动术语抽取任务，计算机模型和人工智能领域与术语自动抽取的关联性也日趋提高。以下将重点介绍基于机器学习的术语抽取方法。

基于机器学习的术语抽取方法的原理如下：首先选取部分用于术语抽取的材料，由人工对材料中的术语进行分类标注，然后将材料用于机器的抽取训练。在机器学习术语抽取的过程中，机器将训练实例转化为特征空间，提取以特殊字符和 POS（Part of Speech）模式为代表的语言学特征、统计特征或外部知识库特征等文本特征，通过特征分拣语料。当机器通过对部分语料的提取建立了术语抽取模型后，就可以将其应用于关涉范围更加广泛的语料抽取。机器学习的抽取方法可大致分为三类：有监督的方法、弱监督的方法和远程监督的方法。

有监督的方法，顾名思义，需要人工监督机器学习。先由人工提供二元分类训练集，将词汇分为术语和非术语两类。将训练集导入机器后，机器会从这种分类中学习判断术语的方式并逐渐建立模型，然后将模型应用于数据量更大的术语抽取。这一方法实现了对大量术语的快速抽取，但是在应用前期需要人工标注提供训练材料，所耗时间成本与人力成本十分高昂。在此背景下，弱监督的方法应运而生。

弱监督的方法对有监督的方法进行了一定完善，即由机器代替部分人力。其原理是先由人工标注少量材料用于机器训练，然后将训练形成的机器模型用于更大范围的材料抽取，人工校对抽取结果，并将校对后的材料继续应用于机器训练，进一步推动模型智能化，以此类推，不断循环往复。故此，弱监督的方法在改善机器模型的准确率方面颇有成效。由此可见，上述两种方法都需要不同程度的人工监督。不过人工材料的选取终究有限，需要导入外部材料用以提升机器训练的效率。因此，随着信息技术的进一步发展，业内开始普遍采用远程监督方法训练机器模型。

远程监督方法的语料主要来源于外部知识库,因为自身大多储存海量的数据,且数据本身具有一定的格式,一般只需对其进行简单的批量对齐处理,就可以直接用于机器的训练与学习。这一方法在省去人工标注的同时,扩展了材料来源,大幅提升了机器训练的效率。

机器训练完成后,机器内部会生成模型,最终模型能够适用于各个领域的术语抽取。当前普及度较高的模型主要有以下三种:隐马尔可夫模型(Hidden Markov Models,HMM)、支持向量机(Support Vector Machine,SVM)和条件随机场(Condition Random Fields,CRF)。在实际工作中,三种模型通常配合使用,共同完成术语的识别和抽取任务。HMM 模型是一种生成模型,较为成熟,主要基于文本输入输出的发生概率,实现词性标注、文本分类等功能。建模时,人们通过输入输出的步骤向机器演示文本中术语提取的过程:首先,由人工输入文本并输出完成分类的文本单元,机器通过重复这一输入输出的过程,总结相关数据,并根据概率计算生成模型。但是 HMM 模型的术语识别只限于人工在演示过程中所提出的标准,按照演示时制定好的特征执行运算,所涉及的特征十分有限。SVM 模型的诞生有效地解决了这一问题。作为一种二分类模型,SVM 模型主要用于样本分类,其原理是建立一个与所有待分类样本之间距离最短的超平面函数。SVM 模型能够以比 HMM 模型更高的精度对界限附近的样本进行分类、识别,并在某种意义上克服了向量计算过程中最大的瓶颈"维数灾难"(即随着维数的增加,计算量会以几何倍数增长)。但是该模型也存在一定的缺陷:无法处理多分类问题和多样本分类问题。而 CRF 模型有效地解决了前两种模型存在的问题。CRF 模型能够自主定义特征函数,通过判别式的序列标注识别实体。在判别过程中,模型根据已知输入特征的条件,判别输出类别的概率,即通过条件概率抽取术语,大大提高了识别的精确度。但是由于其训练成本高昂,需要与其他模型配合使用。SVM 和 CRF 都属于辨别模型。

(四)术语抽取工具演示

目前市面上各种术语抽取工具层出不穷,可大致分为两类:以程序形式安装在电脑中的软件型术语抽取工具和直接在网页上运行的在线网页型术语抽取工具。软件型术语抽取工具通常具备计算机翻译项目的功能，术语抽取功能只为其中一项，并需要单独以插件的形式下载、安装至电脑中，如 memoQ、Trados。而在线网页型术语抽取工具可以直接登录网页对文本进行处理，通常只针对术语抽取这一项功能。本章节选取以 memoQ 为代表的软件型术语抽取工具和以语帆术语宝为代表的网页型术语抽取工具进行介绍。需要注意的是，在操作前，用户需要对语料进行整理及格式转换。提取语料时，memoQ 用户需统一使用 TMX 格式；而语帆术语宝用户在进行单语提取时可以直接使用 Word 文档形式的语料，双语提取则支持 TMX、Word、Txt 三种格式语料。

1. memoQ 术语抽取

（1）进入 memoQ 操作界面，点选"New Project"创建新项目（图 2 – 2）。

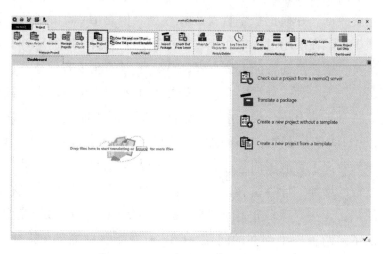

图 2 – 2　创建新项目

（2）设置项目名称。根据提取的术语内容，选择相应的"Source language""Target language"，并点选"Finish"，完成项目创建（图 2 – 3）。

（3）选择"Import"功能板块，导入 TMX 格式的双语文件（图 2 – 4）。

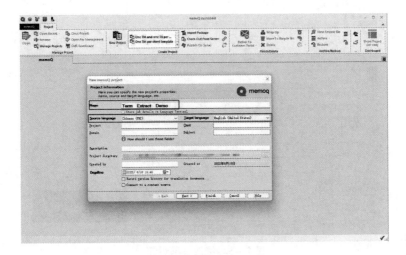

图 2 – 3 设置项目

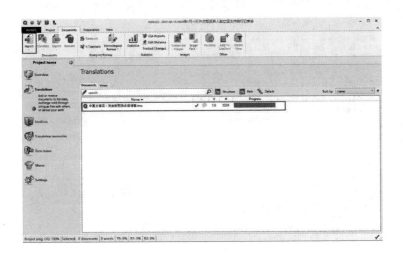

图 2 – 4 导入文件

（4）双击打开文件，在菜单栏的"Preparation"中找到"Extract Terms"按钮，设置提取选项。memoQ 的术语提取基于词长（length）和词频（frequency），用户可根据实际情况调整参数（图 2 – 5）。

（5）若将词长、词频作为筛选标准，提取的术语会出现部分无意义的词汇，如"疫情防""情防控""冠肺炎"等，用户可根据置信

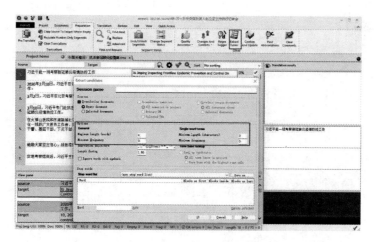

图 2 – 5   提取参数设置

度、词频、词长或字母顺序对术语进行进一步筛选（图 2 – 6）。

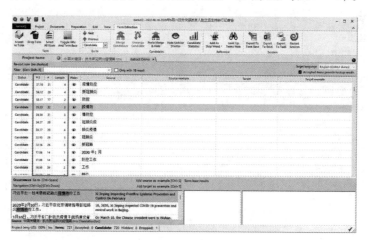

图 2 – 6   筛选术语

（6）memoQ 的术语提取无法自动识别目标语，需要手动添加。鼠标点选某一术语的"Target"，在左下角双语对照的文档中选择需要添加的目标语，使用快捷键"Alt + T"完成添加，"Source example"（快捷键"Ctrl + S"）和"Target example"（Ctrl + T）的添加方法同上。目标语添加完成后，点选菜单栏中的"Accept As Term"，完成该术语的提取。针对无意义的术语，点选"Drop Term"删除即可（图2-7）。

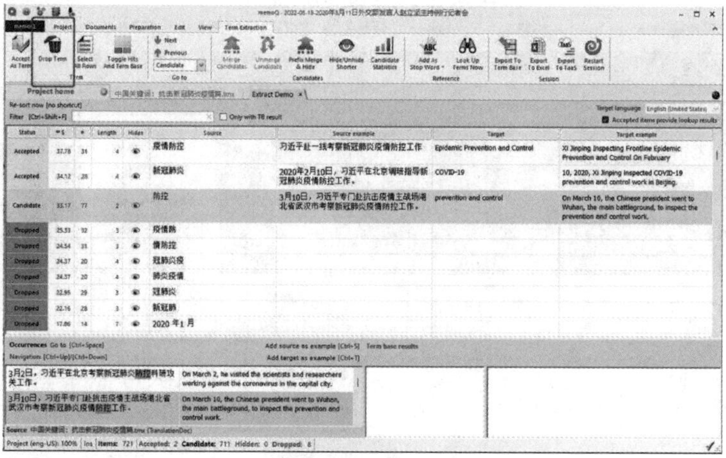

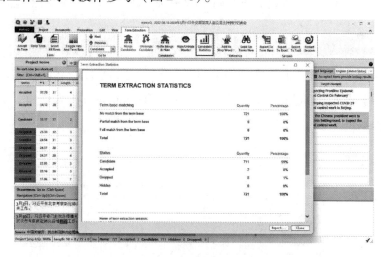

图2-7　匹配目标语

（7）点选"Candidate Statistics"，可以查看术语提取的数据报告，评估工作量时可操作参考（图2-8）。

图2-8　术语提取的数据报告

2. 语帆术语宝术语抽取

（1）进入语帆术语宝网站（http://termbox.lingosail.com），登录

后点选"术语提取"（图2-9）。

图2-9 术语提取

（2）术语抽取进一步分为单语提取和双语提取，两种抽取方式步骤相同。以双语提取为例，进入双语提取界面后，根据提示上传TMX、Txt、docx等格式的语料（图2-10、图2-11），随后点选"下一步"。

（3）输入文本后，页面跳转至提取设置，用户可以在此定义词频、限制词长、上传原文和译文的停用词表，之后点选"提取"（图2-12）。

（4）提取完成后进入筛选页面，通过每行最前方的勾选框，筛选需要保留的术语（图2-13）。

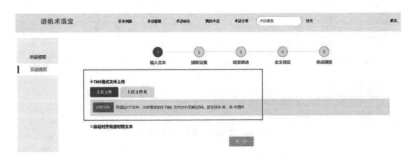

图2-10 上传TMX格式的语料

图 2–11　上传 . txt、. docx 格式的语料

图 2–12　术语提取

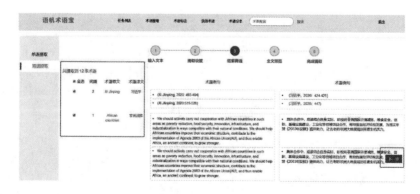

图 2–13　结果筛选

（5）筛选完毕后，所有选定保留的术语会呈现在文本中供用户

预览，用户可根据上下文再次对所需的术语内容进行确定与保存，也可以用光标选中文本中的词句，直接将其添加为术语（图2-14）。

图2-14 全文预览

（6）用户将提取完毕的术语下载到本地或保存至云空间，并在"我的术语"栏目中进行查看、编辑（图2-15）。

图2-15 术语管理

三 数据库构建

简单的术语列表并不具备快速检索功能，其所含术语间的关联性也较为微弱。当术语资源累积到一定规模后，需要构建术语数据库对其进行管理，以便提高检索效率、实现数据共享。本节主要介绍术语库构建过程中遵循的原则、收录的内容及其具体流程等。

（一）基本原则及主要内容

根据术语库的建设原理及主要目的，构建术语库需遵循以下三个原则：目的性原则、科学性原则和可扩展性原则。首先，目的性原则指"依据目标用户对术语库功能、性能、数据等方面的要求，在充分考虑经济效益、社会效益和政治效益的基础上开发建设术语库"（董新颖、梁琳琳，2022：81）。其次，科学性原则指术语库的构建需要遵循科学的方法，以体系化的方式搭建其基本框架。最后，可扩展性原则指在术语库的建设和使用过程中，其规模应当根据行业发展现状以及市场需求不断扩充或缩减，达到与时俱进的效果并对与自身规模相匹配的其他术语库的功能及内容有所关注。在以上三个原则的指导下，术语库的构建过程，本质上是一个根据实际需要，兼顾语料的科学性、准确性、全面性及完整性加以选材，并进行归类存放的过程。

术语库所收录的术语及其相关概念，主要包括术语、同义词及术语的其他对应词。（董新颖、梁琳琳，2022：81）"术语"指原本概念的核心术语；"同义词"指同一语种中与核心术语语义相同但表述不同的词汇；"术语的其他对应词"则指代其他语种中与本术语相关的同义词（或同义短语）。核心术语可以进一步划分为"稳定定义"和"动态描述"。"稳定定义"通常指由专业人员给出的规范化、标准化释义；"动态描述"指随着现代科技和传媒手段的不断发展，处在变化中的新型术语传播形式，例如与术语内容相关的短视频、微电影、流媒体等等。同时，术语库还可以收录和术语有关的微观信息，包括语言知识、概念知识和关联知识（宋培彦等，2014：111）。其中，语言知识包括词形、语音、词性等语言学知识，概念知识主要通过定义及其关联范畴加以体现，关联知识则指与术语潜在使用者有关的外在参考信息，如视频、教材、音频等。

（二）构建过程

术语库的构建不仅体现了翻译领域从业者的专业素养，也为术语资源的国际化传播提供了文字保障。作为知识有序化组织的结果，术语库通过对现有语料进行的一系列严格的采集、遴选、归并等流程，形成了具有一定深度的术语结构框架，有利于提高术语成果的"复用"（re-use）价值。（宋培彦等，2014：111）其构建过程大致分为基础素材库构建、标准术语库构建、共享概念库构建三个阶段：

作为术语库的基础，素材库是术语抽取过程中最广泛、最初级的资源池，其形式之多、涵盖之广，不仅包括各专业领域内部的术语表、教材、文献素材库，还包含各类语料库以及专业词典等。但素材库的内容较为庞杂，需要进一步筛选并设置相关交互功能，才能应用在实际工作中，形成标准术语库。

标准术语库的内容首先会按照其应用领域和专业属性被分类管理、编号并归档；其次，在参考不同术语的相关文献的基础上，评估其概念是否规范，并对其加以合并或设置参数进行划分，最终形成分类明确、层级清楚的储存体系。标准术语库可以满足特定翻译项目内部的使用需求，较为精准地匹配与抽取术语。但是各个标准术语库之间往往在创建格式、使用方法及支持平台上有所差异，不利于语料的交流与共享，需要进一步改进、升级。

共享概念库是以术语库为中心，将术语库和外部信息库相连而形成的大型数据库。共享概念库补充了术语的同义词及其他相关信息，将术语单位升级为概念单位，所包含的信息量也随之不断扩充。共享概念库以概念为单位对语料进行存储与调用，其书写语言参照简单知识组织系统（Simple Knowledge Organization System，SKOS）加以设定。由于统一了格式，共享概念库支持与不同操作平台共享术语数据，网络用户还可以实时补充库内的术语内容，较之前两个阶段取得了长足的进步。

四　术语管理

作为企业重要的无形资产与语言资产，术语决定了翻译项目最终的质量，并贯穿翻译活动的始终。术语翻译不一致，容易造成文本信息丢失、上下文不连贯、逻辑混乱等问题，因此对数量庞大、条目繁杂的术语进行管理至关重要。随着信息技术的进步，术语管理的方式与技术日趋成熟化、专业化和系统化。本节从术语管理的定义与作用着手，聚焦当前术语管理领域存在的主要问题，旨在为不同的翻译项目及相关企业提供差异化管理策略与参考建议。

（一）定义与作用

术语管理可定义为对术语资源进行加工，满足某种目的的实践活动，又可进一步细分为术语的收集、描述、处理、存储、编辑、呈现、搜索、维护和分享等步骤。（王华树、王少爽，2019：9）从企业层面来说，术语管理实际上是一种知识管理，贯穿于企业文化、企业战略管理、企业品牌形象构建等诸多企业活动中，是企业软实力的重要组成部分。

企业活动中的术语管理又可分为狭义与广义两个范畴。狭义的术语管理仅服务于某个特定项目，应用范围小，专业性较高，自身作用包括：一、抽取、保存、编辑和更新翻译数据；二、减少搜索、收集、核对术语等步骤的时间；三、保持全文术语的一致性；四、辅助其他翻译软件运行；五、连接翻译项目的利益各方，方便信息流动和知识共享。

广义的术语管理被上升至组织或公司的战略层面，成为公司身份构建的重要规划和战略安排，应用领域关涉企业信息开发、全球化文档创作、法律风险的规避等，其作用包括：一、综合管理项目资源，为之后的项目运行累积经验；二、引入监督体系，通过协同管理简化翻译流程，降低内容管理成本；三、确保术语在跨部门协作时安全合规，保障企业语言资产的安全；四、降低产品研发周期，加速产品变现流程。

（二）现存问题与建议

术语管理理念和体系不仅影响翻译项目的质量，还关涉整个语言服务行业的健康发展。但目前，我国术语管理依然存在着一些积弊与不足，本节内容将对此展开探讨，提出相关建议。

1. 价值重视与规范化程度不足

当前，国内对于术语管理的重视程度不够，导致术语管理的规范化程度偏低，其主要表现在三大主体上——企业、人才培养单位和相关研究者。首先，企业的术语管理流程模糊，术语识别、术语共享、客户确认、术语库更新与维护等具体环节不甚完备；多数企业缺乏专门的术语管理人员，只在接受翻译项目订单时临时设岗，或由译员、审校员、项目经理等兼任；术语管理的相关投入较为匮乏，缺乏专业的术语管理培训机构、组织。行业协会所提供的培训也较为有限。据此，国家相关部门及协会应"从顶层规划和设计国家语言服务基础设施，逐步建设公共术语交流渠道和平台，构建完整的术语管理知识和培训体系，提升行业知识管理意识"（王华树，2018：70）。企业可邀请行业资深专家，为自身打造适合的术语管理流程和架构，为相关管理人员提供线上与线下混合、多元化、专业化的培训与教学。

其次，人才培养单位往往注重计算机辅助翻译软件学习，忽视对翻译项目的管理，尤其对术语管理的重要性过于低估。因此，人才培养单位应以市场需求为导向，将相关术语管理体系与翻译课程结合，建设术语教学数字化平台，为术语管理的教学提供丰富的资源支持，增强学生术语管理意识和能力。同时，加强校企合作，一方面，企业可尝试同高校联合编写术语管理教材，提供真实、具体的案例资源；另一方面，企业也可以为高校学生提供实习、实践基地，既可以让学生亲身参与真实的术语管理流程，也为企业术语管理人才库的长远建设注入了新的活力。

再次，当前术语相关研究仍存在较大空白，将术语学与翻译项目管理相结合的应用型研究相对寥然。因此，学者可以尝试积极申报相关研究项目，加强跨学科研究，深入挖掘术语管理的科学方法和实践模式。

2. 术语管理工具和平台普及程度较低

虽然国内外已出现不少术语管理工具，如 Acrolinx Terminology

Manager、MultiTerm、WebTerm、Déjà Vu、Wordfast、语帆术语宝、云译客、雪人 CAT 等计算机辅助翻译工具的内置术语模块，但是目前语言服务行业的术语工具使用率普遍偏低，甚至部分企业的术语管理模式仍停留在纯人工阶段。基于此，希冀术语管理研发单位和语言服务企业拓宽合作的深度和广度，不断地开发与更新，能够将术语管理各环节集于同一平台、满足企业和市场需求的软件，同时研发单位应定期为企业提供相关培训以及标准的 API 接口，增强用户黏性。

3. 版权意识有待加强

信息网络技术的不断发展以及机器可读术语交换格式（Machine-readable Terminology Interchange Format，MARTIF）的出现，为术语交换提供了极大的便利，进一步推动了术语在世界范围内的传播，但同时也对术语版权问题提出了新的挑战。术语工作中的版权问题，包括术语中引用具有版权的资料和术语数据的版权。作为知识财产的使用者，如被引用的资料具有版权或著作权，该资料的引用过程会受到一定的限制。术语管理人员同时也是知识财产的拥有者，若精心管理的术语资源在公共平台被肆意传播和出售，会对术语管理人员和企业知识产权造成侵害。因此，术语管理人员要加强法律意识，保证引用的资料均在合理合法的范围内，杜绝侵权事件的发生。同时，企业可利用技术手段为术语数据以及数据的传送通道进行加密，从源头切断数据泄露的可能性，还可以增设标识编码，将数据被篡改的可能性降到最低。最后，公司可以建设专业化的法务团队，既保证对有版权的资料的合法使用，也能保护自身的术语数据免受知识产权纠纷的困扰。

练习题

练习1　运用术语抽取工具抽取下列英语术语

（1）

The times are calling us, and the people expect us to deliver. Only by pressing ahead with unwavering commitment and perseverance will we be able to answer the call of our times and meet the expectations of our people.

All of us in the Party must remember: Upholding the Party's overall leadership is the path we must take to uphold and develop socialism with Chinese characteristics; building socialism with Chinese characteristics is the path we must take to realize the rejuvenation of the Chinese nation; striving in unity is the path the Chinese people must take to create great historic achievements; implementing the new development philosophy is the path China must take to grow stronger in the new era; and exercising full and rigorous self-governance is the path the Party must take to maintain its vigor and pass new tests on the road ahead.

We have come to this understanding through many years of practice. It is a conclusion of paramount importance that we must cherish, uphold, and never deviate from. Under its guidance, we will ensure that the great ship of socialism with Chinese characteristics catches the wind, cuts through the waves, and sails steadily into the future.

Unity is strength, and only in unity can we succeed. To build China into a modern socialist country in all respects, we must unleash the tremendous creativity of the Chinese people in their hundreds of millions. All of us in the Party must stay true to our fundamental purpose of serving the people wholeheartedly, maintain a people-centered mindset, and carry out the mass line. We must respect the pioneering spirit of our people and ensure that we are acting for the people and relying on the people in everything we do. We must follow the principle of "from the people, to the people," maintain a close bond with the people, and accept their criticism and oversight. We must breathe the same air as the people, share the same future, and stay truly connected to them. We must strengthen the great unity of the Chinese people of all ethnic groups and the great unity of all the sons and daughters of the Chinese nation at home and abroad. By doing so, we will create a powerful collective force working with one heart and one mind to realize the Chinese Dream. (Xi Jinping, *Hold High the Great Banner of So-cialism with Chinese Characteristics and Strive in Unity to Build a Modern Socialist Country in All Respects: Report to the 20th National Congress of the Communist Party of China*)

(2)

—We have strengthened Party leadership in all respects. We have made clear that the leadership of the Communist Party of China is the defining feature of socialism with Chinese characteristics and the greatest strength of the system of socialism with Chinese characteristics, that the Party is the highest force of political leadership, and that upholding the centralized, unified leadership of the Party Central Committee is the highest political principle. We have made systematic improvements to the Party's leadership systems. All Party members have become more conscious of the need to maintain political integrity, think in big-picture terms, follow the leadership core, and keep in alignment with the central Party leadership. They have become more purposeful in closely following the Party Central Committee in thinking, political stance, and action, and they have continued to improve their capacity for political judgment, thinking, and implementation. All this has ensured the Party Central Committee's authority and its centralized, unified leadership and guaranteed that the Party fulfills its core role of exercising overall leadership and coordinating the efforts of all sides. Now, our Marxist party of over 96 million members enjoys greater unity and solidarity than ever.

—We have developed well-conceived and complete strategic plans for advancing the cause of the Party and the country in the new era. We have put forward the Chinese Dream of the great rejuvenation of the Chinese nation and proposed promoting national rejuvenation through a Chinese path to modernization. We have made well-coordinated efforts to advance our great struggle, our great project, our great cause, and our great dream. We have adopted the Five-Sphere Integrated Plan and the Four-Pronged Comprehensive Strategy〔The Five-Sphere Integrated Plan is to promote coordinated economic, political, cultural, social, and ecological advancement. The Four-Prouged Comprehensive Strategy is to make comprehensive moves to build a modern socialist country, deepen reform, advance law-based governance, and strengthen Party self-governance〕as well as the general principle of pursuing progress while ensuring stability, and we have worked to both pursue development and safeguard security. We have identified the principal contradiction facing Chinese society as that between unbalanced and inadequate development and the people's ever-growing needs for a better life, and we have made it clear that closing this gap should be the focus of all our initiatives. With these efforts, we have made constant progress in enriching and developing a new form of human advancement. (Xi Jinping, *Hold High the Great Banner of Socialism with Chinese Characteristics and Strive in Unity to Build a Modern Socialist Country in All Respects: Report to the 20th National Congress of the Communist Party of China*)

练习2　运用术语抽取工具抽取下列汉语术语

（1）

中国共产党第二十次全国代表大会，是在全党全国各族人民迈上全面建设社会主义现代化国家新征程、向第二个百年奋斗目标进军的关键时刻召开的一次十分重要的大会。

大会的主题是：高举中国特色社会主义伟大旗帜，全面贯彻新时代中国特色社会主义思想，弘扬伟大建党精神，自信自强、守正创新，踔厉奋发、勇毅前行，为全面建设社会主义现代化国家、全面推进中华民族伟大复兴而团结奋斗。

中国共产党已走过百年奋斗历程。我们党立志于中华民族千秋伟业，致力于人类和平与发展崇高事业，责任无比重大，使命无上光荣。全党同志务必不忘初心、牢记使命，务必谦虚谨慎、艰苦奋斗，务必敢于斗争、善于斗争，坚定历史自信，增强历史主动，谱写新时代中国特色社会主义更加绚丽的华章。

　　十九大以来的五年，是极不寻常、极不平凡的五年。党中央统筹中华民族伟大复兴战略全局和世界百年未有之大变局，召开七次全会，分别就宪法修改，深化党和国家机构改革，坚持和完善中国特色社会主义制度、推进国家治理体系和治理能力现代化，制定"十四五"规划和二〇三五年远景目标，全面总结党的百年奋斗重大成就和历史经验等重大问题作出决定和决议，就党和国家事业发展作出重大战略部署，团结带领全党全军全国各族人民有效应对严峻复杂的国际形势和接踵而至的巨大风险挑战，以奋发有为的精神把新时代中国特色社会主义不断推向前进。

　　五年来，我们坚持加强党的全面领导和党中央集中统一领导，全力推进全面建成小康社会进程，完整、准确、全面贯彻新发展理念，着力推动高质量发展，主动构建新发展格局，蹄疾步稳推进改革，扎实推进全过程人民民主，全面推进依法治国，积极发展社会主义先进文化，突出保障和改善民生，集中力量实施脱贫攻坚战，大力推进生态文明建设，坚决维护国家安全，防范化解重大风险，保持社会大局稳定，大力度推进国防和军队现代化建设，全方位开展中国特色大国外交，全面推进党的建设新的伟大工程。我们隆重庆祝中国共产党成立一百周年、中华人民共和国成立七十周年，制定第三个历史决议，在全党开展党史学习教育，建成中国共产党历史展览馆，号召全党学习和践行伟大建党精神在新的征程上更加坚定、更加自觉地牢记初心使命、开创美好未来。（习近平，《高举中国特色社会主义伟大旗帜 为全面建设社会主义现代化国家而团结奋斗——在中国共产党第二十次全国代表大会上的报告》）

　　（2）

　　完善以宪法为核心的中国特色社会主义法律体系。坚持依法治国首先要坚持依宪治国，坚持依法执政首先要坚持依宪执政，坚持宪法确定的中国共产党领导地位不动摇，坚持宪法确定的人民民主专政的国体和人民代表大会制度的政体不动摇。加强宪法实施和监督，健全保证宪法全面实施的制度体系，更好发挥宪法在治国理政中的重要作用，维护宪法权威。加强重点领域、新兴领域、涉外领域立法，统筹推进国内法治和涉外法治，以良法促进发展、保障善治。推进科学立法、民主立法、依法立法，统筹立改废释纂，增强立法系统性、整体性、协同性、时效性。完善和加强备案审查制度。坚持科学决策、民主决策、依法决策，全面落实重大决策程序制度。

扎实推进依法行政。法治政府建设是全面依法治国的重点任务和主体工程。转变政府职能，优化政府职责体系和组织结构，推进机构、职能、权限、程序、责任法定化，提高行政效率和公信力。深化事业单位改革。深化行政执法体制改革，全面推进严格规范公正文明执法，加大关系群众切身利益的重点领域执法力度，完善行政执法程序，健全行政裁量基准。强化行政执法监督机制和能力建设，严格落实行政执法责任制和责任追究制度。完善基层综合执法体制机制。

严格公正司法。公正司法是维护社会公平正义的最后一道防线。深化司法体制综合配套改革，全面准确落实司法责任制，加快建设公正高效权威的社会主义司法制度，努力让人民群众在每一个司法案件中感受到公平正义。规范司法权力运行，健全公安机关、检察机关、审判机关、司法行政机关各司其职、相互配合、相互制约的体制机制。强化对司法活动的制约监督，促进司法公正。加强检察机关法律监督工作。完善公益诉讼制度。

加快建设法治社会。法治社会是构筑法治国家的基础。弘扬社会主义法治精神，传承中华优秀传统法律文化，引导全体人民做社会主义法治的忠实崇尚者、自觉遵守者、坚定捍卫者。建设覆盖城乡的现代公共法律服务体系，深入开展法治宣传教育，增强全民法治观念。推进多层次多领域依法治理，提升社会治理法治化水平。发挥领导干部示范带头作用，努力使尊法学法守法用法在全社会蔚然成风。（习近平，《高举中国特色社会主义伟大旗帜 为全面建设社会主义现代化国家而团结奋斗——在中国共产党第二十次全国代表大会上的报告》）

第三章 译前准备：翻译记忆库的创建与应用

翻译记忆库是管理译后语言片段的数据库系统，翻译机构可利用语料对齐技术和译后维护创建和管理记忆库，并通过检索与匹配提供预翻译，从而大幅提高翻译效率与质量。本章共分为四节，第一节重点介绍翻译记忆库的定义及发展史；第二节以语料对齐技术为主，重点阐述相关对齐算法以及对齐工具的使用；第三节讲述翻译记忆库在组织和维护过程中应注意的问题，并提出相应的处理办法；第四节将结合实例对翻译记忆库在实际应用中的种种利弊加以总结。

一 概述

翻译记忆库可以用来存储翻译过的语料，语料切分的长短根据用户的需求而定。记忆库的应用范围极其广泛，涉及计算机辅助翻译工具、文字编辑程序、专用术语管理系统、多语辞典等等。本节主要介绍记忆库的定义及其理论发展史。

（一）定义

人们常将翻译记忆库视为已译语言片段的存储器、可重复使用的数据库。然而，翻译记忆库的功能远不止于此。作为一种重要的计算机辅助翻译工具，它拥有强大的翻译数据管理功能，能够按照不同的用户需求或相关领域，创建、储存、浏览、抽取、处理和加工翻译单元，帮助译员重复使用已有的翻译成果，不断积累语言资产，大大提高翻译效率和译文质量。

（二）理论发展史

翻译记忆库的理论发展历史反映了人们对其概念认知的逐渐深化。哈钦斯（1998：294—299）就曾指出，在此项技术的发展进程中，有三位专家"功不可没"，他们分别是阿芬恩、梅尔拜和凯。

首先，在1979年，阿芬恩（85—95）提出了翻译记忆库的概念原型，认为文本处理系统可对经过标准化处理的文字片段，或相关译文加以记录，并认识到构建具有强大中央记忆存储能力系统的必要性，以备日后重复调用，提高文件处理效率。

1982年，梅尔拜（215—219）指出，双语检索工具对于译员非常具有实用性，译员可通过检索语料找出特定语境中某一文本片段的可能译文。双语检索工具的工作机制是将待译文本和已译文本切分为一定单位的文本，即翻译片段，随即依据待译文本中的翻译片段来检索已译文本，从中找出适用于待译片段的目标语片段（而非所有词语的翻译结果）。

可以说，这一机制高度整合了人工翻译和机器翻译的优势，并从以下几个方面为译者提供辅助：一、若待译文本为电子文本，译员可借助检索工具，获取其中生僻词语（或短语）的译文。二、若待译文本并非电子版，译员可通过相关工具直接键入翻译文本，并利用平行术语库快速查阅相关术语的解释，便于后续翻译。三、整合翻译工作平台和机器翻译，构建一个能够自主评估译文质量的辅助翻译系统。译员可根据需要，对翻译结果进行编辑、整理。此项功能在计算强度和语言处理方面的基本设计与生僻词语（及短语）翻译功能具有相似性，但所提供的参考译文包含更加复杂的句子，因此较前两方面，整合翻译工作平台和机器翻译更加先进与完善。

此外，凯（6—10）在1980年提出了机器应逐步替代人工译员在翻译过程中所承担的某些任务。为达到这一目标，就需要对现有的文字处理工具进行扩充，为其增设翻译功能。其中最基本的功能就是多语言文字编辑器，它能够自动查阅词典、检索短语释义，并为文本片段提供译文。

总之，作为翻译记忆库后期发展的最重要议题，无外乎翻译片段的确定及其提取技术，即如何对语料进行切割、存储，用以获得质量达标的译文。在此问题上，蒙特利尔大学（Université de Montréal）法布里奇奥·戈蒂（Fabrizio Gotti）等学者在21世纪初依据翻译片段抽取方式，将翻译记忆库的发展分为三个阶段：第一阶段设定译文所采用的匹配机制为完全匹配，就是说，只有达到100%匹配的翻译单位才能被抽选为参考译文。第二阶段采用模糊匹配方式，即从翻译记忆库中抽取实体名（Name Entity）有所差异的句子。第三阶段则基于组块（Chunk）层面进行检索并抽取相关译文，这一阶段也可称为"低于句子级别的翻译记忆库"。（转自唐旭日、张际标，2020：60）

二 创建翻译记忆库

翻译记忆库本质上是一种平行语料库，其内在是源语言文本与目标语文本之间在某种层次上存在一一对应关系。创建翻译记忆库的关键技术是语料对齐（alignment），就是说将源语言及目标语中的语言片段依据两者之间语义或者语用的对等关系一一对应起来。具有对齐关系的语言片段可以是句子、短语或词语。实践中，语料的切分方式需要以用户的具体需求为准。本章遂对语料对齐技术及相关算法展开详解。

（一）语料对齐算法

本节主要探讨两大具有代表性的语料对齐算法——基于长度的句子对齐算法和基于语言知识的对齐算法。

1. 基于长度的句子对齐算法

1993年，美国计算语言学家威廉·盖尔（William A. Gale）和肯尼斯·沃德·丘吉（Kenneth Ward Church）提出了基于长度的句子对齐算法，受到界内人士的广泛关注。该算法的基本逻辑如下：翻译过程中，译文字符数与源语言语句的长度大多构成一定比例，因此设定

源语言文本 t_1 的字符总数为 l_1，目标语文本 t_2 的字符总数为 l_2，两者在长度上的差距 δ 符合正态分布（公式1）。

$$\delta = \frac{(l_2 - l_1 c)}{\sqrt{l_1 s^2}}$$

公式1：基于长度的句对齐算法

其中的 c，s^2 代表源语言中的字符所对应的目标语字符数的均值和方差。假设源语言中的一个字符在目标语中对应的字符数是一个随机变量，且该随机变量呈正态分布 $N(c, s^2)$，那么每一个片段对均有一个 δ。在对英语、法语和德语数据进行分析后，盖尔和丘吉指出，常量 $c=1$，$s^2 = 6.8$。若研究对象为英汉双语对齐，需对该数值进一步修改。

同时，一个句子往往对应多种译文，故使用 $D(t_1, t_2) = -\log Prob(match \mid \delta)$ 衡量片段对之间的距离，其中的 $match$ 为对齐模式的概率分布。当一个片段对确定后，可得出 $match$ 和 δ。同时距离越大，此片段对对齐的概率越小。根据贝叶斯公式，$Prob(match \mid \delta)$ 的计算方式为：

$$Prob(match \mid \delta) = Prob(match) \times Prob(\delta \mid match) = $$
$$Prob(match) \times 2 \times (1 - Prob(\mid \delta \mid))$$

公式2：对齐概率

由此可见，获取给定 δ 时匹配模式 $match$ 的条件概率受到两个因素的影响，其一是 $match$ 本身的先验概率。通过数据分析，盖尔和丘吉计算出四种匹配模式的先验概率（表3-1）。

表3-1 四种匹配模式的先验概率

匹配类型	频次	$Prob(match)$
1—1	1167	0.89
1—0 或 0—1	13	0.0099
2—1 或 1—2	117	0.089
2—2	15	0.011
	1312	1.00

其二是条件概率（公式3）。

$$Prob\ (\delta\,|\,match)\ =2\ (1-P\ (\,|\,\delta\,|\,))$$

公式3：条件概率

其中$P\ (\,|\,\delta\,|\,)$是一个均值为0的标准状态分布的累积分布函数。以例1为例，假定下述例句的一种匹配模式为（〈a1〉，〈b1〉），（〈a2〉，〈b2，b3〉），可分别计算出D（〈a1〉，〈b1〉）和D（〈a2〉，〈b2，b3〉），从而获取该匹配模式的距离总值。

例1

（a1）The greater the difficulties and challenges we face, the more important it is for us to go further in reform, get rid of institutional barriers, and boost internal forces driving development.

（a2）While continuing to implement regular Covid-19 control measures, we will adjust relevant measures and simplify procedures to boost the resumption of work, production, and business activities.

（b1）困难挑战越大，越要深化改革。

（b2）破除体制机制障碍，激发内生发展动力。

（b3）在常态化疫情防控下，要调整措施、简化手续，促进全面复工复产、复市复业。

同理，该计算公式还可以获取其他匹配模式，如（〈a1〉，〈b1，b2〉），（〈a2〉，〈b3〉）及其距离总值，其中距离总值最小的匹配模式即为最佳匹配模式。

2. 基于语言知识的对齐算法

与基于长度的对齐算法有所不同，在基于语言知识的对齐算法中，参与语料对齐的文本一般为两个，源语言文本（S）及目标语文本（T）。假定S包含x个句子，T中包含y个句子，可用公式表示为：

$$S = \langle s_1, s_2, \cdots, s_x \rangle$$
$$T = \langle t_1, t_2, \cdots, t_y \rangle$$

公式4：对齐公式

将句子对齐后，可得到句对列表$A = \langle a_1, a_2, \cdots, a_i \rangle$，其中，

a_i 是一个句对，$a_i = \langle s^i, t^i \rangle$，且 a_i 需满足要求 | s^i | = 1，或满足 | t^i | = 1，就是说，在一个句对单位中，至少源语言或目标语只包含一个句子。

运用概率方法实现句子对齐的原理在于，通过寻找源语言和目标语之间的对应特征，使得对齐结果中 S 和 T 的对应关系值最大化。在给定 S 和 T 的情况下，可构建多个对齐结果 A，其中条件概率 $Prob$ $(A \mid S, T)$ 值越大，检索出的语料适配度越高。这一概率模型可用公式表述为：

$$\hat{A} = \arg_A \max Prob\ (A \mid S, T)$$

公式 5：对齐模型公式

在这一概率模型的应用过程中，需要解决两个问题：首先，如何计算 $Prob$ $(A \mid S, T)$；其次，怎样高效检索最大概率值对应的对齐结果。由于第二个问题属于算法问题，在此重点关注第一个问题。

为计算 $Prob$ $(A \mid S, T)$，我们首先做出一系列假设：

O_1：$Prob$ $(A \mid S, T)$ $\approx \prod_{i=1}^{f} Porb(s^i \Leftrightarrow t^i \mid S, T)$

O_2：P $(A \mid S, T)$ $\approx \prod_{i=1}^{f} Porb(s^i \Leftrightarrow t^i \mid s^i, t^i)$

O_3：P $(s^i \Leftrightarrow s^t \mid s^i, t^i)$ $\approx P$ $(s^i \Leftrightarrow s^t \mid \lambda_1\ (s^i), \lambda_1\ (s^t), \cdots, \lambda_k (s^i), \lambda_k\ (s^t))$

假定 O_1：P $(A \mid S, T)$ 的概率计算是在 S 和 T 条件下所有句对概率 $Prob$ $(s^i \Leftrightarrow t^i \mid S, T)$ 的乘积。这一假设条件仍然将 s^i 和 t^i 的上下文及其对应句对概率值的影响考虑在内。O_2 则更进一步，它抹去了对齐过程中句对顺序及上下文之间的影响，只考虑 s^i 和 t^i 之间的对应概率值。而 O_3 认为 s^i 和 t^i 之间的对应概率值由有限的共享特征 "$\lambda_i\ (s^i)$，$\lambda_i\ (s^t)$" 决定，且不同特征的权重有所不同。由此，$Prob$ $(A \mid S, T)$ 的计算最终可归结为，每个双语片段在有限属性特征下的条件概率计算。（唐旭日、张际标，2020：66—67）对双语片段中对齐属性的摘取、选择是影响对齐正确程度的关键，其中常见属性包括长度信息、词汇信息、文本格式等。

基于句子长度信息进行句对齐的基本原理如下:在现实存在的大量翻译文本中,源语言句子和目标语句子在长度上具有一定相关性。具体来讲,如果源语言句子较长,那么目标语句子一般也较长。若源语言句子较短,那么目标语句子一般也较短。这一现象同样可以用信息论加以阐释:一般情况下,同一语言中较长的句子往往携带较多信息量,因而目标语句子也要携带较多信息量用以确保内容的完整性。由此,在对齐句子的过程中,常将源语言和目标语的句子长度进行比较、匹配,得出源语言句子与目标语句子互为翻译的概率值。

基于词汇信息的句对齐在双语句对中尽可能多地检索互为翻译的双语词汇,将对应数最大的句对对齐,换句话说,是以词典中提供的大量词汇翻译信息为基础,计算对齐片段概率。由于词汇属性各有不同,大致可分为:(1)数字对应;(2)标点符号对应;(3)词语对译;(4)特殊词表(称谓、组织名称、日期)等。但上述四者在翻译过程中需严格一一对应,故此包含以上对应关系的句子互为翻译的可能性更高。

总之,基于长度和语言知识的对齐方法各有利弊,瑕瑜互见。单纯基于长度的方法计算速度较快,但若原始的双语文本存在漏译,或因翻译风格不同,导致双语文本字数比例关系偏差,都将导致大量错误对齐的出现。(王华树、王少爽,2017:17)而单纯基于语言知识的对齐方法,在处理某些词汇信息,例如姓名、日期、术语等辨别度高的语言单位时,可以快速定位,准确性较高。但这种方法较为耗时,很难满足大规模语料库建设的技术需求。综上,将两种对齐方法结合更为稳妥,可以充分发挥二者的优势,提高对齐准确率的同时,简化计算过程。

(二)翻译单位与语段边界划分

在翻译过程中,CAT 工具能够自动检索翻译记忆库中相同或相似的翻译资源(如句子、段落),给出相应的参考译文,避免译者重复劳动。而高质量的翻译记忆库可将库内语段的复用率保持在较高水平,这就要求语料对齐"有章可循",故此对翻译单位的切分十分必要。

1. 翻译单位

作为一个相对灵活的概念，翻译单位指源语言在目标语中具有对应性的最小或最低限度的语言单位。翻译单位切分时需尊重原文逻辑关系，尽可能保证语义完整，可以切分为词、词组、小句、句段、语篇等等，例如在以句法为主的机器翻译系统中，最小的翻译单位往往是词，最大的翻译单位是句子。在翻译记忆库中，句子是最基本的文本单位。翻译单位的设定得当与否，往往取决于切割的话语片断是否与信息模块大小吻合。若一个语言单位在源语言和目标语中对语境的依赖程度偏低，其复用程度便相对较高，可适用于多个场景，由此，译文的人工编辑会得到最大程度的缩减，比如：

例 2

（1）五一国际劳动节，是 1889 年在第二国际成立大会上确定的。1919 年，中国工人阶级作为独立的政治力量，开始登上历史舞台。

（2）a："五一"国际劳动节，是 1889 年在第二国际成立大会上确定的。

b：1919 年，中国工人阶级作为独立的政治力量，开始登上历史舞台。

在该例中，假定原文有两种储存形式，即例 2（1）和例 2（2）。二者的区别在于后者将句子切割成了两个小句。若译者检索的目标句是"五一劳动节是世界上 80 多个国家的全国性节日，是 1889 年在第二国际成立大会上确定的"，那么目标句与例 2（2）a 的匹配度更高，检索过程中被复用的可能性较大，需要人工修改的部分相对较少。反之，若采用例 2（1）为储存形式，未免生涩、冗赘，目标语与例 2（1）之间的匹配率大幅降低，其复用概率亦随之消减。

此外，翻译单位（片段）不仅要在源语言、目标语语境中相对独立，还应保持语义的相对完整，方可成为能够独立使用的最小单位。如例 2 所示，"国际劳动节""第二国际成立大会"都是多词表达形式，独立于语境存在，但二者在语义上有失完整。若将二者作为翻译记忆库中的储存单位，势必增加翻译流程的操作步骤。罗选民（1992：

37）指出，将小句作为翻译转换单位较为可行，因其具有相对的语境独立性，语义也较为完整。译者可根据话语分析需求对其进行巧妙转换，从而实现原文与译文的对等。不过，由于小句缺乏形式特征，在大规模平行语料库中建立相关的对齐关系仍有一定的难度。

2. 语段边界划分

句子切分或句子边界识别是自然语言处理的基础，大部分自然语言处理的输入或输出均以句子（而非整个段落）为单位，许多翻译记忆库亦是如此。（Bowker，2002：94）但是，自动识别句子边界并非易事，实际遇到的文本并非都以句子的形式组成，还包括标题、列表、表格等多种形式。因此，翻译记忆系统应允许用户自定义句子以外的其他切分单元。

那么，在具体切分过程中，翻译记忆系统如何识别句子边界？张霄军等（2013：76）认为，句子识别主要依靠文本的句界信息（sentence bound），如句号、感叹号和问号等标点符号，或者首字母大小写等单词形态信息。

依据句界信息，可以对基本的英文句子识别算法进行如下设置：

（1）假设句号、感叹号、问号、分号、冒号、破折号等出现的位置为句子边界。

（2）若假设的句子边界后有引号，将假设边界移至引号后。

（3）若出现以下情况，需具体判断。

a）顺序读取字串，如果之前的字串为常见缩略词，且一般不出现在句子末尾，如 Mr. 、vs. 、Dr. 等，这并非真正的句子边界。

b）如果下一个字符首字母大写，可判断为句子结尾，如 " ' He has a great deal of native intelligence, ability, charm, etc. Everybody likes him. ' " 中的 "etc. "。

c）若下一个字符为小写字母，则取消这些符号的边界资格。

（4）认定其他假设边界与句子边界等同。

以 Trados Studio 为例，该工具给出的英文"句号"断句规则包括分隔符前和分隔符后两个部分，分隔符前（包括分隔符）的表达式为 " \ . + ⌈ \ p {Pe} \ p {Pf} \ p（Ogden et al.)" - 〔\ u002C \

u003A...］"，表示在分隔符（句点"."）之后还有结束括号"\ p
｛Pe｝"，结束引号"\ p（Pf）"，或者不是问号、破折号、结束括号
以及下划线的标点符号"\ p（Ogden et al.）"，而且不能是逗号
"\ u002C..."、冒号"\ u003A"等，分隔符后为"\ s"，即空白字符。

根据以上断句规则，可准确区分、识别以下句子：

（a）A man is not old as long as he is seeking something. A man is not
old until regrets take the place of dreams.

（b）When a woman has five grown-up daughters，she ought to give o-
ver thinking of her own beauty.

（c）Sharp tools make good work.

（d）He said hesitatingly，"I... I... I... don't... like it."

基于上述算法，可有效解决两个难点：一、句点和非句点的区分。
用户可以在系统中将带有缩略形式的单词，如上述的 Mr. 、vs. 、Dr. 、
etc. 等设为停用词，不参与算法。二、直接引语处理，以"'My dear
Mr. Bennet,'said his lady to him one day, 'have you heard that Nether-
field Park is let at last?'"为例，上述算法可轻松判定为一个句子。但
是这种划分句子边界的方式存在一定缺陷，首先，停用词表并不能收
录所有的缩略词；其次，系统根据分号、冒号、破折号进行划分，仍
存在不确定因素，需交由人工处理。

但英语的句子边界较为形式化，大多可通过标点或字母大小写等
形态加以区分。而汉语是逻辑语言，比如，"他是一个好学生"可以
算作一句话，也可接下去说："……人很聪明，也很好学，总是充满
好奇心……"只要还有话要说，就可以无限写下去。所以，汉语句子
的信息容量由于没有语法形式的限制，弹性很大，句子边界也相对模
糊。（陆干、米凯云，1995：4）若仿照英语文本的处理方式，未免过
于随意。值得注意的是：切分后的源语言和目标语句子在数量上并非
完全对应，源语言中一个句子可能对应目标语中的两三个句子，或者
源语言中的两三个句子只对应目标语中的一个句子。

此外，英文标点为单字节字符，而中文标点为双字节字符。因此

在编写汉语句子切分算法时，应将 GB 编码转换成 ASCII 编码，将英文中的句点改为中文中的句圈。（张霄军等，2013：77）使用计算机辅助翻译工具过程中，用户可根据实际情况和自身需求对源语言语段的切分规则进行增改，尽可能保持翻译记忆库及翻译文本在断句规则上的一致性，获取最佳匹配结果。

（三）语料对齐工具及其使用

创建平行语料库是实现计算机辅助翻译的关键要素，若采用人工方式，将源语言语料与目标语语料分别保存，再将二者按照句与句的关系逐条对齐，未免过于低效。当前，双语语料对齐工具不胜枚举，它们为大规模构建双语语料库提供了可能。这些工具所采用的算法虽不相同，功能与用途也各有千秋，但可将对齐工具大致分为四类：嵌入式对齐工具、独立式对齐工具、在线对齐工具和开源对齐工具。

1. 嵌入式对齐工具

嵌入式对齐工具是指 CAT 软件自带的语料对齐模块或功能，一般用于翻译记忆库的构建，对齐结果将直接存入翻译记忆库。代表性嵌入式对齐工具包括 Trados WinAlign、Déjà Vu Alignment、WordFisher Alignment、Transmate Aligner、memoQ LiveDocs 等等。下面以 Trados Studio 2021 的翻译对齐工具为例：

（1）点选对齐文档，其中包含三个选项："对齐单一文件对""对齐多个文件""打开对齐"。"对齐单一文件对"指对齐单个原文文档和与之对应的译文文档。"对齐多个文件"是将多个原文文档及对应译文文档对齐，"打开对齐"则是开启之前已有的对齐文档（图 3 - 1）。

图 3 - 1　对齐文档的三个方式

（2）添加原文、译文时，首先"添加旧有记忆库"或者"创建一个新记忆库"之后导入需要对齐的文档。值得注意的是，新建翻译记忆库时需要对库名、相关说明信息、译入译出语言、所属位置及字段切分要求等进行详细设置（图3-2、图3-3）。

图3-2　选择、添加翻译记忆库，添入对齐文档

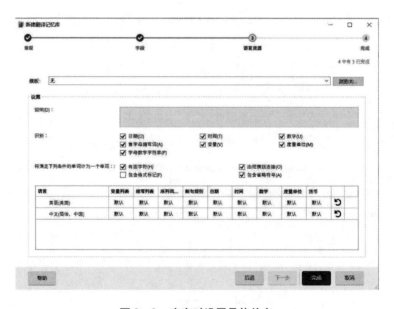

图3-3　建库时设置具体信息

（3）设置翻译记忆库，添加相关文档后，窗口显示对齐界面。对齐过程中的断句一般以句号为单位。由于中英文断句习惯不同，自动对齐时必然存在疏漏。译员可点选"断开连接"对错误的对齐加以删改后，再单击"连接1：1"键完成修正。同时，对于原文、译文文档中的错误，译员可将光标移至相应位置直接修改（图3-4）。

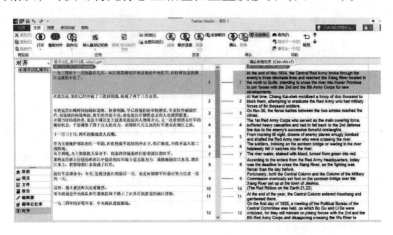

图3-4　对齐校准、编辑

（4）完成对齐后，将对齐文件导入翻译记忆库（图3-5、图3-6）。

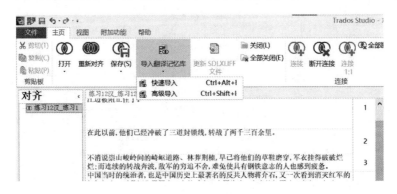

图3-5　导入翻译记忆库

2. 独立式对齐工具

独立式对齐工具不依赖 CAT 软件、独立存在的对齐工具。翻译前

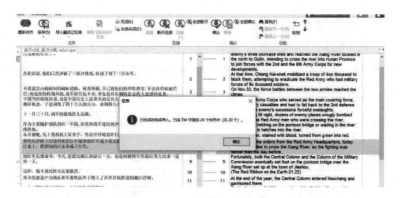

图 3-6　导入完成

需将源语言文本以相应的格式导入系统中，待系统完成翻译后导出译文。较具代表性的独立式对齐工具有 ParaConc、ABBYY Aligner、Bilingual Sentence Aligner、CTexT Alignment Interface 等等。

以 ABBYY Aligner 2.0 为例，该工具支持多达 24 种语言的对齐服务。具体操作步骤如下：

（1）打开软件 ABBYY Aligner 2.0，显示主界面（图 3-7）。

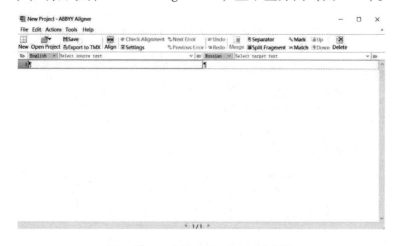

图 3-7　ABBYY Aligner 2.0 主界面

（2）在"File"中找到"Open source text"输入源语言文件，"Open target text"输入目标语文件（图 3-8）。

图 3-8 导入双语文件

（3）点选"Align"进行自动对齐。需要注意，系统有时会对部分对齐结果标红，提示用户注意，避免出现不准确的对齐结果（图 3-9）。

图 3-9 ABBYY Aligner 2.0 初始对齐

（4）ABBYY Aligner 2.0 可直接进行句级切分，部分句段对应的译文也会受到相应的切分处理。译员可选中两个句段，点选工具栏上方的"Merge"进行合并（图 3-10、图 3-11）。若合并后出现空白句段，点选"delete"删除即可（图 3-11）。

图 3-10 句段合并前

（5）若需拆分对齐句段，点选工具栏中的"Split Fragment"（图 3-12、图 3-13）：

36	无节制的单边制裁不可持续，渲染紧张、挑动对立更无助于促进和谈。¶	Limitless unilateral sanctions are unsustainable, and attempts to heighten tensions and stoke confrontation are not helpful for peace talks. ¶
37	——我们希望与各方协调宏观经济政策，推动世界经济包容性复苏和增长。实现主席国确定的"强劲复苏，共同复苏"愿景。	——We hope to work with all parties on macro economic policy coordination to promote inclusive recovery and growth of the world economy, and realize the vision of "Recover Together, Recover Stronger" set by this year's G20 President. ¶
38		
39	为此，要采取行动维护全球产业链供应链稳定，缓解全球通胀压力。¶	To this end, we should act to keep the global industrial and supply chains stable and ease the global inflationary pressures.¶
40	要落实世贸组织第十二届部长级会议共识，加强多边贸易体制，营造开放、透明、非歧视的国际贸易环境。¶	We should act on the consensus of WTO's 12th Ministerial Conference, strengthen the multilateral trading system, and foster an open, transparent and non-discriminatory international trading environment. ¶

图 3 – 11   句段合并后

43	中国不久前举行了金砖国家领导人会晤和全球发展高层对话会，与各方就支持多边主义、落实2030年可持续发展议程达成广泛共识。	China recently hosted the BRICS Summit and the High-level Dialogue on Global Development, which produced broad consensus on supporting multilateralism and implementing the 2030 Agenda for Sustainable Development.
44	我们将继续秉持人类命运共同体理念，积极落实习近平主席提出的全球发展倡议和全球安全倡议，坚定支持印尼作为二十国集团主席国的工作，与各方携手建设和平、发展、合作、共赢的世界。¶	Committed to the vision of a community with a shared future for mankind, we will actively follow upon the Global Development Initiative (GDI) and Global Security Initiative (GSI) put forth by President Xi Jinping, strongly support Indonesia's G20 Presidency, and work with all parties for a world of peace, development and win cooperation. ¶
45	谢谢大家。¶ ¶	Thank you. ¶ ¶

图 3 – 12   句段拆分前

42	我们还要继续把发展作为二十国集团合作优先领域，在减贫、抗疫、基础设施、绿色发展等领域加强合作。¶	We should also keep development a priority of G20 cooperation. and step up collaboration in such areas as poverty reduction, COVID-19,infrastructure, and green development.
43	中国不久前举行了金砖国家领导人会晤和全球发展高层对话会，与各方就支持多边主义、落实2030年可持续发展议程达成广泛共识。	China recently hosted the BRICS Summit and the High-level Dialogue on Global Development, which produced broad consensus on supporting multilateralism and implementing the 2030 Agenda for Sustainable Development.
44	我们将继续秉持人类命运共同体理念，积极落实习近平主席提出的全球发展倡议和全球安全倡议，¶	Committed to the vision of a community with a shared future for mankind, we will actively follow upon the Global Development Initiative (GDI) and Global Security Initiative (GSI) put forth by President Xi Jinping,
45	坚定支持印尼作为二十国集团主席国的工作，与各方携手建设和平、发展、合作、共赢的世界。¶	strongly support Indonesia's G20 Presidency, and work with all parties for a world of peace, development and win-win cooperation.
46	谢谢大家。¶	Thank you. ¶

图 3 – 13   句段拆分后

（6）经过以上操作，即可实现句级对齐。若译者需要在其他计算机辅助翻译工具中重新调用此文件，或将其创建为翻译记忆库，可点选工具栏"Export to TMX"直接导出；若仅需查看文本或转换为Word，建议以 RTF 格式导出，点选左上方"File"即可完成操作（图3 – 14）。

图 3 – 14　导出文件

3. 在线对齐工具

Wordfast AutoAligner、Tmxmall、YouAlign 等在线对齐工具须在联网的环境下使用。上传数据过大，对齐运算在服务器端运行，对本地电脑的内存资源占用较少。通过线上对齐，用户无需再通过邮件、U盘等介质分配任务。以 Tmxmall 为例，对齐操作步骤如下：

（1）进入 Tmxmall 官网，单击"产品与服务"，选择"语料对齐"中的"在线对齐"（图 3 – 15）。

图 3 – 15　在线对齐

（2）点选文件功能栏的文件图标，上传待对齐文档，选择相应语言（图 3 – 16）。

（3）导入原文及译文后，Tmxmall 自动对齐语料（图 3 – 17）。

（4）在对齐方式上，Tmxmall 与 ABBYY Aligner 类似，二者均先

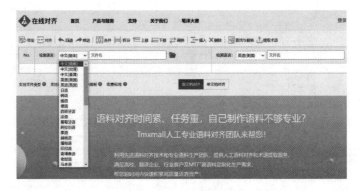

图 3 - 16　选择语言

图 3 - 17　段落自动对齐

进行段落对齐，再进行句对齐，可大幅提高对齐效率以及准确率。待段落自动对齐结束后，译者可点选工具栏中的"对齐"实现句对齐（图 3 - 18）。

图 3 - 18　句对齐

（5）为提升翻译记忆库内的储存质量，译者可以对译文进行调整（图 3 – 19）。

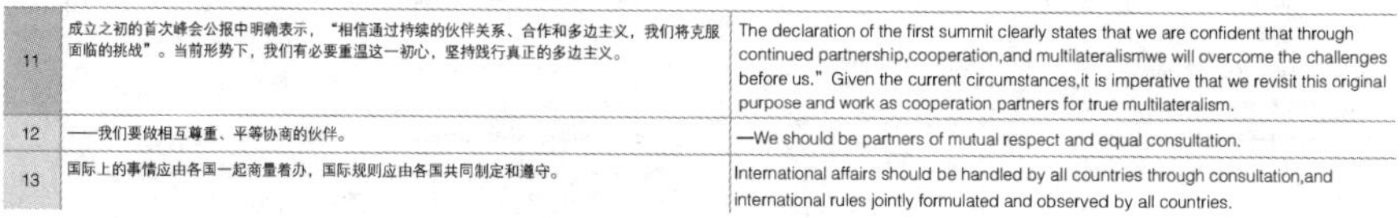

图 3 – 19 调整翻译结果

（6）若再次拆分句子，可以双击单元格，将光标移至修改处，点选工具栏中的"拆分"，或使用快捷键"Ctrl + Enter"（图 3 – 20）。

图 3 – 20 拆分

（7）除了拆分句段，也可将句子合并。双击句框，进入编辑状态，按住 Shift（或 Ctrl 键），选中需要合并的单元格，点选合并即可完成操作。

（8）Tmxmall 可提供多达五种语料的清洗功能。如 TMX 文件中有译文空白句对时，可通过"未翻译句段"功能进行筛选；若需筛选 TMX 文件中原文与译文完全相同的句对，用户可点选"原文与译文相同句段"以及"原文相同，译文不同句段"清洗语料，按需保留或删除。完成后，单击"高级功能选项"中的"关闭"按钮，可显示剩余数据。此外，Tmxmall 还可筛选 TMX 文件中原文不同、译文相同的句对，去除 TMX 文件中完全重复的句对（图 3 – 21）。

（9）使用 Tmxmall 执行句对齐时，系统会将所有执行过拆分的句

图 3-21　语料清洗

子用绿色或黄色标记，方便用户在检查环节，校对句对拆分的准确性（图 3-22）。

9	国际社会期待二十国集团凝聚国际共识、促进国际合作，为充满不确定性的世界传递信心和希望。	The international community is looking to the G20 to build global consensus and promote international cooperation, and give confidence and hope to a world of uncertainties.
10	二十国集团发端于应对全球金融危机的国际合作。	The G20 originated from the international cooperation in response to the global financial crisis.
11	成立之初的首次峰会公报中明确表示，"相信通过持续的伙伴关系、合作和多边主义，我们将克服面临的挑战"。当前形势下，我们有必要重温这一初心，坚持践行真正的多边主义。	The declaration of the first summit clearly states that we are confident that through continued partnership,cooperation,and multilateralismwe will overcome the challenges before us." Given the current circumstances,it is imperative that we revisit this original purpose and work as cooperation partners for true multilateralism.
12	我们要做相互尊重、平等协商的伙伴。	—We should be partners of mutual respect and equal consultation.
13	国际上的事情应由各国一起商量着办，国际规则应由各国共同制定和遵守。	International affairs should be handled by all countries through consultation,and international rules jointly formulated and observed by all countries.
14	这个世界只有一个体系，就是以联合国为核心的国际体系。	In the world,there is only one international system,i.e., the international system with the United Nations at its core.

图 3-22　颜色区分

4. 开源对齐工具

开源对齐工具是将软件源代码向公众开放的对齐工具。具备软件开发能力的用户可根据自身需求在源代码的基础上开发个性化的对齐工具。常用的开源对齐工具包括 Bitextor、Bleualign、Champollion、Vecalign、SuperAlign 等等。这些工具不仅能够实现对称性双语文本对齐，还可以从网络上抓取双语或多语语料，建立翻译记忆库或平行语料库。例如，Champollion 是一种基于长度和词典的对齐算法。传统算法常将源语言与目标语的匹配模式设为 1—1，但中英语料句子对齐所受干扰众多，删除和插入的次数尤为重要，因此 Champollion 根据对齐的重要性赋予每个单词不同的权重：

例3

a. Suicide bombing kills 4, injuries 27 in Iraq's Kurdistan.

b. 伊拉克库尔德斯坦发生自杀式爆炸，造成 4 人死亡，27 人受伤。

在上述例子中，（Iraq，伊拉克）（Kurdistan，库尔德斯坦）的匹配出现频率较高，而（4，4）（27，27）的匹配更为重要。通常情况下，Champollion 赋予出现频率较低的翻译对（translation pair）更大的权重。具体来说，Champollion 将计算句子相似度转化为检索系统中计算查询（query）与文件（document）相似度的问题，计算 stf，即某个术语在某一语言片段中出现的次数，以及 $idtf$，即某个术语在文件中出现的次数，定义如下：

$$idtf = \frac{T}{\#occurences\text{-}in\text{-}the\text{-}document}$$

其中 T 是文件的术语总数，stf 和 $idtf$ 分别衡量术语在语言片段及文件中的重要性。Champollion 会将两个句段视为对顺序不敏感的词袋：

$$E = \{e_1,\ e_2,\ \cdots,\ e_{m-1},\ e_m\}$$
$$C = \{c_1,\ c_2,\ \cdots,\ c_{n-1},\ c_n\}$$

定义共 k 个翻译对：

$$P = \{\ (e_1',\ c_1'),\ (e_2',\ c_2'),\ \cdots,\ (e_k',\ c_k')\}$$

则 E 和 C 的相似度定义为：

$$sim\ (E,\ C)\ =\ \sum_{i=1}^{k} \lg\ (stf\ (e_i',\ c_i'))\ *idtf\ (e_i')\ *$$
$$alignement\_\ penalty_{ij} + length\_\ penalty\ (E,\ C)$$

其中 $alignment\_\ penalty$（对齐惩罚）是一个 0 至 1 的值，1—1 对齐所对应的值为 1。$length\_\ penalty$ 是一个函数，对于长度不匹配的翻译要进一步做出惩罚。

Champollion 允许 1—0，0—1，1—1，2—1，1—2，1—3，3—1，1—4 和 4—1 对齐，其动态规划转移方程为：

$$S(i, j) = \max \begin{cases} S(i-1, j) + sim(i, \varnothing) \\ S(i, j-1) + sim(\varnothing, j) \\ S(i-1, j-1) + sim(i, j) \\ S(i-1, j-2) + sim(i, j-1) \\ S(i-2, j-1) + sim(i-1, j) \\ S(i-2, j-2) + sim(i-1, j-1) \\ S(i-1, j-3) + sim(i, j-2) \\ S(i-3, j-1) + sim(i-2, j) \\ S(i-1, j-4) + sim(i, j-3) \\ S(i-4, j-1) + sim(i-3, j) \end{cases}$$

公式6：动态规划转移方程[①]

三　组织与维护

海量翻译数据在当今大数据和云计算时代依然成为极具价值的资产，而数据管理方面的失误与纰漏，往往会给企业造成不可估量的损失，因此对翻译资产的科学管理尤为重要。作为翻译资产最主要的储存地，翻译记忆库的组织合理性与后期维护工作不容小觑。

（一）翻译记忆库的组织

对于翻译公司和译者而言，记忆库是积累、保护翻译资产最主要的途径与手段。一般情况下，译者会根据原文检索翻译记忆库并事先设置好匹配值（系统默认值一般为75%或50%）。若搜索内容与待翻译内容完全一致，匹配度达到100%，译者可根据语境决定是否直接采用；若非完全一致，译者可自行决定是否需要修改。高品质的翻译记忆库有助于提高资源利用效率，避免重复劳动，降低人工成本。而翻译记忆库的规模越大，愈加意味着更加丰富、详实的语料资源以及更高的翻译效率。除了扩大规模外，组织翻译库时还需注意以下问题。

[①]　Champollion 相关公式和方程请参考 Ma Xiaoyi（2006：490 – 491）。

首先,创建翻译记忆库要处理好规模与领域的一致性问题。记忆库的规模越大,包含的语料愈加庞杂。例如,有些语料缩写相同但全称相异,检索此译文时,译者需根据语境等诸多因素,仔细斟酌。实际上,这一步骤完全可以在创建记忆库之初加以避免。对于某一领域的术语库,应采取细化、分散的管理模式,将范畴较大的领域予以更加细化的类别命名,使译者在选择翻译记忆库时更具目标性,顺利提取所需语料。此外,管理翻译记忆库的组织维度较为多元,包括其所涉及的专业领域以及不同客户对象等的多重划分标准。

其次,用户需要把握好提取速度和质量之间的关系。翻译记忆库的规模越大,检索所需的时间越长,工作效率越低。可以使用翻译记忆库管理系统的"同时加载多个翻译记忆库"功能,实现动态合并,以更快的速度匹配与定位相关语料。通过上述的细化分散管理以及支持同时检索多个记忆库的机制,语料的一致性和专业性得以加强,能够避免用户对翻译记忆库过度合并;译者还可以在较短的时间内获得更多匹配内容,极大提高翻译效率。

(二) 翻译记忆库的维护

从某种意义而言,翻译记忆库相当于语料搜索引擎,其存储的语料越充盈、准确,引擎的应用价值就越高。因此,翻译记忆库不能一直处于消耗状态,还需不断扩充、维护,确保其中语料的准确性、丰富性。关于翻译记忆库的维护,需要注意以下三个问题:

语言具有无限生成能力,语料浩如烟海,即使翻译记忆库容量再大,模糊检索能力再强,在翻译实践中依然无法保证为用户提供完全合适的翻译记忆。因此,译员需要对一些时兴热词、文化负载词以及成语的翻译加以留意,否则机器翻译的质量难以保障。下表为一些热词的错译与改译:

表3-2　　　　　　　　　　热词的错译及改译

热词	机译	改译
内卷	involution	rat race

续表

热词	机译	改译
佛系	Buddhist system	tranquility
摸鱼	to touch the fish	to fool around
凡尔赛	Versailles	humblebrag
破防	break the defense	moved to tears / overwhelmed
打脸	punch in the face	eat humble pies

若更新翻译记忆库时未能覆盖需要淘汰的译文，有时会导致相同语段对应多个翻译结果。一些早已不再使用的专有名词应及时修改、删除或加以备注，相关审校也需与时俱进，否则将对后续项目造成干扰。例如，"一带一路"就有"One Belt, One Road""One Belt and One Road""Silk Road Belt and Maritime Silk Road"等多种译法，其中最常见的译法是"One Belt，One Road"。2015年9月，国家发展和改革委员会同外交部、商务部等部门规范"一带一路"的英译文——"the Belt and Road Initiative"。但不少翻译软件未能及时更新。

由于术语及译文录入翻译记忆库的时间难免有所差异，随着新近术语标准的出台以及客户要求标准的变动，这些都会导致入库术语翻译存在多个版本。以中医医学术语"瘤"的衍生术语为例（表3-3）。

表3-3　　　　　　　　瘤的衍生术语翻译示例

	《中医药学名词》	《中医基本名词术语中英对照国际标准》	《世界卫生组织西太区传统医学术语国际标准》
血瘤	angioma	angioma、hemangioma	blood tumor
气瘤	tumor due to disorder of qi	qi tumor、subcutaneous neurofibroma	qi tumor
筋瘤	nodular varicosity	varix；varicosity	sinew tumor

面对上述问题，译者需要与客户及时沟通或者请教相关领域专家，从而决定译文的取舍，不能仅仅根据入库日期的远近直接判定译文的正确与否。由此可见，翻译记忆库的溯源工作极为重要，译员需查清不同译文参考的具体标准与入库时间。若溯源不清，译者的工作量将会大大增加。

针对这些问题,可采取以下措施:

1. 严格审核入库语料,译员在翻译过程中遇到未纳入记忆库的术语或词句,若无法确定准确译法,需及时联系客户,或询问相关专家、学者,对有关资料进行查证,保证译文的有效性与准确性,最终更新至术语库。

2. 定期维护、更新翻译记忆库。项目组成员应在工作群中及时公布翻译记忆库的最新情况,负责维护的人员还应保留维护记录,并与其他责任人员共享进度。停用术语应予以标记或者删除。同时,由于翻译标准不同造成的一词多译,需分别注明来源,便于日后查证。

3. 科学制定记忆库的管理章程,做好备份,分组管理。首先,记忆库创建后,应设置权限并存档备份,以免库中语料被随意更改、破坏;其次,为避免多人控制同一记忆库,造成混乱,可按照相关领域、建库时间、不同年份出台标准,将翻译记忆库进行分组,交付特定专业人员管理、维护。

四 优势与劣势

翻译记忆库具有的实时共享、自动学习和预翻译等系列强大功能能够帮助译员更加快捷、高效地完成任务。然而,该技术依然存在一些亟待完善之处,譬如,有待提高的预翻译质量、当前主流对齐算法导致译文连贯性欠佳、创建库的工作量甚巨等等。

(一) 翻译记忆库应用的优势

根据中国前瞻产业研究院 2022 年发布的《中国翻译及语言服务行业发展前景预测与投资战略归化分析报告》,全国共有 423547 家企业涉及语言服务行业,以语言服务为主营业务的企业达 9656 家,企业全年总产值为 554.48 亿元。与此同时,翻译业务所涉及的范围广泛,涵盖政治、财经、教育、信息科技、建筑矿业、机械制造、法律合同、旅游交通等专业领域。整体而言,翻译行业规模庞大,翻译需求呈现多元化、复杂化的趋势。在此背景下,译员需储备多领域专业知识、具备高效的工作能力。而翻译记忆技术遵循"重复工作不用做"的原则，旨在通过实时共享、自动学习、预翻译等功能，为翻译人员提供有效帮助，具体表现如下：

1. 实时共享

面对繁重的任务，一般需由多人协作完成翻译，在此情况下，如何确保翻译过程中术语使用以及翻译风格的一致性至关重要。CAT 工具可通过云端存储技术，与团队成员实时共享翻译记忆库和术语管理库，保证成员在通用定义、专业术语、语法及措辞等方面达成一致，同时也降低了翻译人员与管理人员之间的沟通成本。

2. 自动学习

待翻译系统对记忆库内的语料进行匹配后，译员可根据待译源语言文件的语境选择接受、修改或拒绝。同时，译员编辑后的内容会自动存储、更新至翻译记忆库，从而扩大记忆量，变得越来越"智能"，相比人工填充语料所耗成本更少，效率更高。

3. 预翻译

系统翻译时会自动搜索翻译记忆库中相同或相似的翻译资源（如术语、句子等），通过精确匹配（exact match）或者模糊匹配（fuzzy match）的方式对翻译记忆库中的相关内容加以整合，最终提供初步翻译结果供译员编辑、修改。如例 4 中，将同一段原文输入至 Trados Studio 2021、Déjà Vu X3、云译客，可获得以下三种译文：

例 4

国家战略科技力量加快壮大。关键核心技术攻关取得重要进展，载人航天、火星探测、资源勘探、能源工程等领域实现新突破。企业研发经费增长 15.5%。数字技术与实体经济加速融合。

Trados Studio 2021：China's strategic scientific and technological strength has been accelerated. Major progress was made in key and core technologies，and new breakthroughs were made in manned spaceflight，Mars exploration，resource exploration，and energy engineering. Research and development expenditures of enterprises increased by 15.5 percent. The integration of digital technology and the real economy is accelerating.

Déjà VuX3:The national strategic scientific and technological strength has been accelerated. Important progress has been made in tackling key core technologies, and new breakthroughs have been made in the fields of manned spaceflight, Mars exploration, resource exploration, and energy engineering. The R&D expenditure of enterprises increased by 15.5%. The integration of digital technology and the real economy is accelerating.

云译客:National strategic science and technology forces accelerated their growth. Important progress was made in key core technologies, and new breakthroughs were achieved in areas such as human spaceflight, Mars exploration, resource exploration and energy engineering. Enterprise R&D expenditure increased by 15.5%. The integration of digital technology and the real economy accelerated.

官方译文:Our strategic science and technology capabilities were expanded at a faster pace. Major advances were registered in research on core technologies in key fields, and breakthroughs were made in manned spaceflight, Mars exploration, resource exploration, energy projects and other areas. Corporate spending on research and development grew by 15.5 percent. Integration of digital technology in the real economy was accelerated.

分析:本例节选自 2022 年《政府工作报告》,通过对比官方译文,机器翻译能够准确识别、处理"载人航天""火星探测""能源工程""数字技术""实体经济"等专业术语,且断句合理。同时,三种机器翻译译文与官方译文的整体相似度达 80% 以上,译员可在机器翻译的基础之上直接加工、完善。

对于经济金融文章、科技专著、产品说明书和国际组织文件等篇幅较长、术语重复较多、检索匹配度较高的文本,预翻译功能的效果更为显著。以华为手机 P50 的产品说明书为例:

例 5

NFC:支持读卡器模式、卡模拟模式(华为钱包支付,SIM 卡支付*，HCE 支付）。*SIM 卡支付所使用的 SIM 卡只能放在 SIM1 卡槽。

Trados Studio 2021：NFC：Supports card reader mode and card simula-tion mode （Huawei Wallet payment，SIM card payment*，HCE pay-ment）．*SIM card payment using SIM cards can only be placed in the SIM1 card slot.

Déjà Vu X3：NFC：Support card reader mode，card simulation mode（Huawei wallet payment，SIM card payment*，HCE payment）．*SIM card used for SIM card payment can only be placed in SIM1 card slot.

云译客：NFC：Supports card reader mode，card emulation mode（Huawei wallet payment，SIM card payment*，HCE payment）．*The SIM card used for SIM card payment can only be placed in the SIM1 card slot.

官方译文：NFC：Read Write mode，Card Emulation mode（payment by *SIM card，or HCE）is supported．*The SIM card used for SIM card payment can only be inserted into the SIM1 card slot.

分析：与华为官方译文相比，三个机器翻译译文均能够准确识别并译出"卡模拟模式""SIM 卡支付*""HCE 支付""SIM1 卡槽"等专业词汇，且不改变特殊符号"＊"的位置。除 Trados Studio 2021 未能准确理解"*SIM卡支付所使用的 SIM 卡只能放在 SIM1 卡槽"，Déjà Vu X3 与云译客的翻译与官方译文相似度达 90% 以上。不过，首句"支持读卡器模式、卡模拟模式（华为钱包支付，SIM 卡支付*，HCE 支付）"的预翻译结果皆为祈使句，若将其改为被动句更能凸显主体。总体而言，三个版本的机器翻译译文均有较高的参考价值，译员只需在原有基础上，对个别词汇和句式结构微调即可。

（二）翻译记忆库应用的劣势

尽管翻译记忆库优势众多、功能强大，但在译文质量以及连贯性方面依旧存在一定的缺陷。同时创建翻译记忆库本身需要耗费大量时力。以下将结合具体案例，对翻译记忆库的劣势加以说明，并针对部分问题提出解决方案。

1. 译文质量有待优化

面对表达较为灵活、具有审美趣味的文学文本，如诗歌、散文、民谣等，预翻译结果的质量不尽如人意。例如，分别在 Trados Studio 2021、Déjà Vu X3 和云译客中输入唐朝诗人杜甫的《绝句》，可获得以下参考译文:

例 6

两个<u>黄鹂</u>鸣<u>翠柳</u>，一行<u>白鹭</u>上<u>青天</u>。窗含<u>西岭千秋雪</u>，门泊<u>东吴万里船</u>。

Trados Studio 2021：Two <u>orioles</u> sing in <u>the green willow</u>，and a line of <u>egrets</u> goes up to <u>the blue sky</u>. The window contains <u>a thousand autumn snow</u> in <u>the west ridge</u>，and the door berths <u>a million miles of ships</u> in <u>the east Wu</u>.

Déjà Vu X3：Two <u>orioles</u> singing <u>green willows</u>，a line of <u>egrets</u> on <u>the sky</u>. Windows containing <u>Xiling Qianqiu snow</u>，door moored <u>Dongwu Wanli ship</u>.

云译客：Two <u>orioles</u> sing on <u>the green willows</u>，and a group of <u>egrets</u> ascend to <u>the blue sky</u>. The windows contain <u>thousands of autumn snows</u> in <u>the Xiling Mountains</u>，and the gates are moored by <u>the Eastern Wu Wanli boat</u>.

分析：从上述三个译文可以看出，翻译系统可以快速抽取"黄鹂""翠柳""白鹭""青天"等词汇，省去译员检索的麻烦，但仍旧存在误译现象，如"千秋雪"本意为"千年不变的积雪"，机器翻译直接译为"a thousand autumn snow""thousands of autumn snow"，甚至借用汉语拼音"Qianqiu"。同样存在严重误译的还有"西岭""万里船"。由此可见，翻译记忆检索的算法往往基于语言形式而非意义，对原文的解读较为肤浅。凭借翻译记忆库现存的有限语料资源，机器翻译提供的诗歌译文往往乏善可陈，质量难以保证。

针对上述情况，译员可通过译前编辑，使用白话文对古体诗加以注解，再导入翻译系统中。经过译前编辑的翻译结果如下:

例 7

两只黄鹂在翠绿的柳树间鸣叫，一行白鹭直冲蔚蓝的天空。坐在窗前可以看见<u>西岭千年不化的积雪</u>，门前停泊着<u>自万里外的东吴远航而来的船只</u>。

Trados Studio 2021：Two orioles chirp among the green willows， and a line of egrets rushes straight to the blue sky. Sitting in front of the window， you can see <u>the thousands of years of unbroken snow on the West Ridge</u>， and <u>the ships</u> moored in front of the door <u>from East Wu， which is 10，000 miles away</u>.

Déjà Vu X3：Two orioles were singing among the green willows， and a line of egrets was rushing into the blue sky. Sitting in front of the window， you can see <u>the snow that has not changed for a thousand years</u>. In front of the door， there are <u>ships sailing from Dongwu， thousands of miles away</u>.

云译客：Two orioles chirped among the emerald willow trees， and a line of egrets shot straight into the blue sky. Sitting in front of the window can see <u>the snow that has not melted in Xiling for thousands of years</u>， and in front of the door are moored <u>ships from the voyage of Dongwu， which is thousands of miles away</u>.

分析：经过译前编辑，机器翻译能够较为准确地传达"千里雪""万里船"的含义，误译的情况大大减少，但仍有"东吴""西岭"未能准确译出。此外，经过译前编辑得到的译文过于冗长，无法重现诗歌的音美和形美。在这种情况下，须人工加以修改。

2. 对齐方式影响译文连贯性

翻译记忆库通常以句子为单位切分、储存，但在具体实践中，大多需要翻译完整文本。句子级别的模型显然无法关涉篇章中句子之间的依赖关系或者贯穿全文的相关信息。

例 8

中国累积向非洲国家提供了约 12 万个政府奖学金名额，在非洲 46 国合建 61 所孔子学院和 44 家孔子课堂，向非洲 48 国派遣医疗队队员 2.1 万人次，诊治非洲患者约 2.2 亿人次，双方建立 150 对友好城市关系。<u>中非友谊的民意基础更加巩固</u>。

Trados Studio 2021：China has provided a total about 120,000 government scholarships to African countries, established 61 Confucius Institutes and 44 Confucius classrooms in 46 African countries, dispatched 21,000 medical team members to 48 African countries, treated about 220 million African patients, and established 150 pairs of friendship cities. <u>The public opinion base of China-Africa friendship has become more solid</u>.

官方译文：So far, China has provided about 120,000 government scholarships to African countries, set up 61 Confucius Institutes and 44 Confucius classrooms in collaboration with 46 African countries, sent 21,000 doctors and nurses in medical teams to 48 African countries, treating around 220 million African patients, and forged 150 pairs of sister cities. <u>All these efforts have consolidated popular support for China-Africa friendship</u>.

分析：在上述例子中，机器翻译保留了原有的句子划分，将原文中的两句话分别译出。但前一句是事实陈述，列举了中国为支持非洲做出的系列努力，后一句则是这些举措所带来的结果。机器翻译未能识别出前后两句的逻辑关系，直接译为"The public opinion base of China-Africa friendship has become more solid"，语义连贯性欠佳。译员可通过增译"all these efforts"衔接两句逻辑关系。

目前，基于句子层面的对齐算法是翻译记忆库的主流算法，但在翻译实践中难以避免上述问题。据此，北京交通大学计算机与信息技术学院和广东外语外贸大学语言工程与计算实验室合作，提出了一种融合小句对齐知识的汉英神经机器翻译方法。他们首创性地提出了人工与自动相结合的标注方案，构建大规模小句对齐的汉英平行语料库，为模型训练提供丰富的小句级别汉英双语对知识，增强模型学习复杂句内小句间语义结构关系的能力。（苗国义等，2022：61）

3. 翻译记忆库的创建、维护与更新对人力成本要求高

在创建翻译记忆库的过程中，系统需先切分句段和对齐语料，后

进行人工检查、调整与编辑，比如，译文是否存在错译、误译、乱码等问题，确保翻译记忆库中的译文质量。同时还需指定专门人员对记忆库进行定期的维护、整理、审核、更新，确保记忆库的时效性、准确性、关联性和科学性。

练习题

练习1　运用对齐工具对齐下列语料

The great achievements of the new era have come from the collective dedication and hard work of our Party and our people. Here, on behalf of the Central Committee of the Communist Party of China, I express our heartfelt gratitude to all of our Party members, to the people of all ethnic groups, to all other political parties, people's organizations, and patriotic figures from all sectors of society, to our fellow compatriots in the Hong Kong and Macao special administrative regions, in Taiwan, and overseas, and to all our friends around the world who have shown understanding and support for China's modernization drive.

The great transformation over the past 10 years of the new era marks a milestone in the history of the Party, of the People's Republic of China, of reform and opening up, of the development of socialism, and of the development of the Chinese nation. Over the course of a century of endeavor, the Communist Party of China has tempered itself through revolution and grown stronger. It has grown better at providing political leadership, giving theoretical guidance, organizing the people, and inspiring society, all while maintaining a close bond with the people. Throughout the Party's history, as the world has undergone profound changes, it has always remained at the forefront of the times. As we have responded to risks and tests at home and abroad, the Party has always remained the backbone of the nation. And as we have upheld and developed socialism with Chinese characteristics, the

Party has always remained a strong leadership core.

The Chinese people are more inspired than ever to forge ahead, more resolved than ever to work hard, and more confident than ever of securing success. They are filled with a stronger sense of history and initiative. With full confidence, the Communist Party of China and the Chinese people are driving the great transformation of the Chinese nation from standing up and growing prosperous to becoming strong. We have advanced reform, opening up, and socialist modernization and have written a new chapter on the miracles of fast economic growth and long-term social stability. China now has more solid material foundations and stronger institutional underpinnings for pursuing development. The rejuvenation of the Chinese nation is now on an irreversible historical course.

Scientific socialism is brimming with renewed vitality in 21st-century China. Chinese modernization offers humanity a new choice for achieving modernization. The Communist Party of China and the Chinese people have provided humanity with more Chinese insight, better Chinese input, and greater Chinese strength to help solve its common challenges and have made new and greater contributions to the noble cause of human peace and development. (Xi Jinping, *Hold High the Great Banner of Socialism with Chinese Characteristics and Strive in Unity to Build a Modern Socialist Country in All Respects : Report to the 20th National Congress of the Communist Party of China*)

同志们! 新时代的伟大成就是党和人民一道拼出来、干出来、奋斗出来的! 在这里,我代表中共中央,向全体中国共产党党员,向全国各族人民,向各民主党派、各人民团体和各界爱国人士,向香港特别行政区同胞、澳门特别行政区同胞和台湾同胞以及广大侨胞,向关心和支持中国现代化建设的各国朋友,表示衷心的感谢!

新时代十年的伟大变革,在党史、新中国史、改革开放史、社会主义发展史、中华民族发展史上具有里程碑意义。走过百年奋斗历程的中国共产党在革命性锻造中更加坚强有力，党的政治领导力、思想引领力、群众组织力、社会号召力显著增强，党同人民群众始终保持血肉联系，中国共产党在世界形势深刻变化的历史进程中始终走在时代前列，在应对国内外各种风险和考验的历史进程中始终成为全国人民的主心骨，在坚持和发展中国特色社会主义的历史进程中始终成为坚强领导核心。中国人民的前进动力更加强大、奋斗精神更加昂扬、必胜信念更加坚定，焕发出更为强烈的历史自觉和主动精神，中国共产党和中国人民正信心百倍推进中华民族从站起来、富起来到强起来的伟大飞跃。改革开放和社会主义现代化建设深入推进，书写了经济快速发展和社会长期稳定两大奇迹新篇章，我国发展具备了更为坚实的物质基础、更为完善的制度保证，实现中华民族伟大复兴进入了不可逆转的历史进程。科学社会主义在二十一世纪的中国焕发出新的蓬勃生机，中国式现代化为人类实现现代化提供了新的选择，中国共产党和中国人民为解决人类面临的共同问题提供更多更好的中国智慧、中国方案、中国力量，为人类和平与发展崇高事业作出新的更大的贡献！（习近平，《高举中国特色社会主义伟大旗帜 为全面建设社会主义现代化国家而团结奋斗——在中国共产党第二十次全国代表大会上的报告》）

练习 2　创建翻译记忆库

（1）

To uphold and develop Marxism, we must integrate it with China's fine traditional culture. Only by taking root in the rich historical and cultural soil of the country and the nation can the truth of Marxism flourish here. With a history stretching back to antiquity, China's fine traditional culture is extensive and profound; it is the crystallization of the wisdom of Chinese civilization. Our traditional culture espouses many important principles and concepts, including pursuing common good for all; regarding the people as the foundation of the state; governing by virtue; discarding the outdated in favor of the new; selecting officials on the basis of merit; promoting harmony between humanity and nature; ceaselessly pursuing self-improvement; embracing the world with virtue; acting in good faith and being friendly to others; and fostering neighborliness. These maxims, which have taken shape over centuries of work and life, reflect the Chinese people's way of viewing the universe, the world, society, and morality and are highly consistent with the values and propositions of scientific socialism.

We must stay confident in our history and culture, make the past serve the present, and develop the new from the old. We must integrate the essence of Marxism with the best of fine traditional Chinese culture and with the common values that our people intuitively apply in their everyday lives. We should keep endowing Marxist theory with distinctive Chinese features and consolidating the historical basis and public support for adapting Marxism to the Chinese context and the needs of our times. With this, we will ensure that Marxism puts down deep roots in China. (Xi Jinping, *Hold High the Great Banner of Socialism with Chinese Characteristics and Strive in Unity to Build a Modern Socialist Country in All Respects: Report to the 20th National Congress of the Communist Party of China*)

坚持和发展马克思主义,必须同中华优秀传统文化相结合。只有植根本国、本民族历史文化沃土,马克思主义真理之树才能根深叶茂。中华优秀传统文化源远流长、博大精深,是中华文明的智慧结晶,其中蕴含的天下为公、民为邦本、为政以德、革故鼎新、任人唯贤、天人合一、自强不息、厚德载物、讲信修睦、亲仁善邻等,是中国人民在长期生产生活中积累的宇宙观、天下观、社会观、道德观的重要体现,同科学社会主义价值观主张具有高度契合性。我们必须坚定历史自信、文化自信,坚持古为今用、推陈出新,把马克思主义思想精髓同中华优秀传统文化精华贯通起来、同人民群众日用而不觉的共同价值观念融通起来,不断赋予科学理论鲜明的中国特色,不断夯实马克思主义中国化时代化的历史基础和群众基础,让马克思主义在中国牢牢扎根。(习近平,《高举中国特色社会主义伟大旗帜 为全面建设社会主义现代化国家而团结奋斗——在中国共产党第二十次全国代表大会上的报告》)

(2)

Building a modern socialist country in all respects is a great and arduous endeavor. Our future is bright, but we still have a long way to go. At present, momentous changes of a like not seen in a century are accelerating across the world. A new round of scientific and technological revolution and industrial transformation is well under way, and a significant shift is taking place in the international balance of power, presenting China with new strategic opportunities in pursuing development. At the same time, however, the once-in-a-century pandemic has had far-reaching effects; a backlash against globalization is rising; and unilateralism and protectionism are mounting. The global economic recovery is sluggish, regional conflicts and disturbances are frequent, and global issues are becoming more acute. The world has entered a new period of turbulence and change.

At home, we face many deep-seated problems regarding reform, development, and stability that cannot be avoided or bypassed. In our efforts to strengthen the Party, and especially to improve conduct, build integrity, and combat corruption, we are confronted with many stubborn and recurrent problems. External attempts to suppress and contain China may escalate at any time.

Our country has entered a period of development in which strategic opportunities, risks, and challenges are concurrent and uncertainties and unforeseen factors are rising. Various "black swan" and "gray rhino" events may occur at any time. We must therefore be more mindful of potential dangers, be prepared to deal with worst-case scenarios, and be ready to withstand high winds, choppy waters, and even dangerous storms. On the journey ahead, we must firmly adhere to the following major principles. (Xi

Jinping, *Hold High the Great Banner of Socialism with Chinese Characteristics and Strive in Unity to Build a Modern Socialist Country in All Respects: Report to the 20th National Congress of the Communist Party of China*)

　　全面建设社会主义现代化国家，是一项伟大而艰巨的事业，前途光明，任重道远。当前，世界百年未有之大变局加速演进，新一轮科技革命和产业变革深入发展，国际力量对比深刻调整，我国发展面临新的战略机遇。同时，世纪疫情影响深远，逆全球化思潮抬头，单边主义、保护主义明显上升，世界经济复苏乏力，局部冲突和动荡频发，全球性问题加剧，世界进入新的动荡变革期。我国改革发展稳定面临不少深层次矛盾躲不开、绕不过，党的建设特别是党风廉政建设和反腐败斗争面临不少顽固性、多发性问题，来自外部的打压遏制随时可能升级。我国发展进入战略机遇和风险挑战并存、不确定难预料因素增多的时期，各种"黑天鹅"、"灰犀牛"事件随时可能发生。我们必须增强忧患意识，坚持底线思维，做到居安思危、未雨绸缪，准备经受风高浪急甚至惊涛骇浪的重大考验。前进道路上，必须牢牢把握以下重大原则。（习近平，《高举中国特色社会主义伟大旗帜 为全面建设社会主义现代化国家而团结奋斗——在中国共产党第二十次全国代表大会上的报告》）

第四章　翻译过程：Déjà Vu X3 基本应用

Déjà Vu 是法国 Atril 公司发布的一款功能强大、支持定制的计算机辅助翻译软件。该软件结合先进的翻译记忆技术和基于实例的机译技术，配备功能强大的翻译记忆库，提供满足翻译、审校和项目管理需求的集成环境，打造具有创新功能的标准化开放平台，在效率和一致性方面取得了其他软件无可比拟的突破。本章将简要介绍 Déjà Vu X3 系统的基本信息，并结合实例演示软件操作流程，最后对该软件的优势与不足做出评价。

一　概述

（一）系统特色

对译员而言，支持即时存取功能的 Déjà Vu X3 可无限扩展自身的记忆功能；对项目经理来讲，Déjà Vu X3 提供了所有必需的工具，用以评估、准备和控制所有 Windows 操作系统支持的语言所进行的翻译项目。与传统翻译记忆工具不同，Déjà Vu X3 可以智能化地调取记忆库、术语库和项目词典，通过小句段处理方式极大提高模糊匹配质量。针对相似度较高的模糊匹配，该软件能够仿照译员风格，创造出近乎完美的译文。

Déjà Vu X3 提供的翻译环境功能齐全、综合性强，可以为本地化行业涉及的翻译项目管理、翻译编辑、翻译记忆库管理、术语库管理、语料对齐、质量保证等一系列流程提供解决方案。软件支持的格式众多，其统一界面可以直观呈现原文、保护编码信息，译员不必担心复写格式和排版信息等问题，也无须购买相关软件及其开发工具。

Déjà Vu X3 界面简洁、安装友好、内存占用率小，整个使用过程皆配备软件向导，初学者也可操作自如。同时，Déjà Vu X3 结合先进技术，对软件功能进行持续更新，最新版软件集成了微软、iTranslate 4、MyMemory、SYSTRAN 企业服务器、PROMT 翻译服务器、亚洲在线语言工作室、PangeaMT 和百度翻译等机器翻译引擎，可为译员提供高效的译后编辑环境。

（二）视图介绍

Déjà Vu X3 主界面如图 4 - 1 所示：

图 4 - 1　主界面

1. 菜单栏

Déjà Vu X3 菜单栏包含软件的基本设置功能。

（1）文件菜单：均为标准 Windows 选项，用于创建、打开、另存为、关闭文件，此外还有共享（导入、导出）、交付、工具（修复或压缩项目、记忆库、术语库和筛选器命令）、账户（用户可登录或登出项目）、选项（常规、显示、翻译、机器翻译、句段切分、客户、主题、筛选器、校对）等设置与选项。

（2）主页：包括标准 Windows 选项，可以复制、剪切、粘贴、搜索、替换及选择文本，另有搜索并添加进数据库、传递译文、更改选中状态的文本、合并及拆分句子等选项。

（3）插入菜单：包括将选定内容保存至自动图文集、将源语言文本填充（复制）到译文中及插入自动搜索的数据库文本等各项命令。

（4）视图菜单：可转换布局方式，在项目浏览器和文件导航器之间切换。

（5）项目菜单：允许译员访问项目属性对话框、添加文件、导出翻译项目、查找重复句段、分析、预翻译、伪翻译、将文件添加到翻译记忆库、执行结构化查询语言（Structured Query Language，SQL）命令。

（6）词典菜单：译员可创建、删除、导入、导出专业词典，支持将专业词典和记忆库、术语库结合使用。

2. 软件参数设置

Déjà Vu X3 界面下方有一排软件参数设置标签，开始翻译项目之前，译员需要自定义设置软件参数，设置如下：

（1）自动写入（AutoWrite），单击显示启用，开启汇编功能。

（2）自动翻译（AutoTranslate），单击显示启用，集扫描、查找、汇编、模糊匹配和机器翻译于一体。

（3）自动搜索（AutoSearch），单击显示启用，开启翻译记忆和术语搜索功能。

（4）自动传播（AutoPropagate），单击显示启用"自动传播"功能。

（5）自动发送（AutoSend），单击显示启用，一般为关闭状态，单击显示禁用自动发送。

（6）自动检查（AutoCheck），单击显示启用。

截至 2019 年，Déjà Vu 共有 Déjà Vu TEAM Server、Déjà Vu X2

Workgroup、Déjà Vu X2 Professional、Déjà Vu X2 Standard、Déjà Vu X2 Editor、Déjà Vu X3 Free、Déjà Vu X3 Professional、Déjà Vu X3 Work-group、Déjà Vu X3 9.0.788 九个版本。界面语言包括汉语、德语、英语、法语、西班牙语、荷兰语和俄语,并支持210多种语言和语言对。此外,Déjà Vu 具有翻译记忆库、术语库、词典、语料对齐与回收、质量保证、汇编、扫描、自动图文集、传播等九大核心功能,帮助用户更好完成翻译任务。

(一)　翻译记忆库

Déjà Vu 的记忆库为.dvmdb 格式,分为个人使用时的本地记忆库及团队使用时的记忆库服务器,同时支持多个记忆库预翻译处理。可导入 Déjà Vu 2.X/3.X 等各种 Déjà Vu 格式的记忆库、文本格式、Ac-cess、ODBC 数据源、Excel、Trados 数据库、TMX、CSV 等,也可通过对齐源语言和目标语文件为记忆库添加句对。Déjà Vu 内嵌的记忆库包含多个文件,可添加成对源语言和目标语对照句段。每对句子均包含主题、客户、用户、项目 ID 和时间戳。用户可通过翻译记忆库主页菜单下的属性菜单,针对常规(记忆库命名和记忆库描述信息)和统计(统计记忆库源语言和目标语数量)等具体设置(图4-2)。

(二)　术语库

Déjà Vu 的术语库为.dvtdb 格式,可导入 Déjà Vu X2/X3 术语数据库、文本格式、Access、ODBC 数据源、Excel、MultiTerm、CSV 等格式,还可以导出文本格式、Excel、CSV 及 TM Server 等多种格式。术语库保存的信息是用户添加的源语言—目标语词条。每个词条均有默认的语法信息、定义、主题、客户、时间戳等等。同一源语言术语词条可对应多个目标语术语词条。术语库能够储存译员在翻译过程中积累的术语词条,以便后续翻译实践中使用。这有利于保持文档的术语一致性,提高译员工作效率。

用户也可通过术语库菜单下的属性设置对术语库常规、词条关系、属性、类别和统计进行自定义调整和设置,并依据个人需求制订个性化术语库。

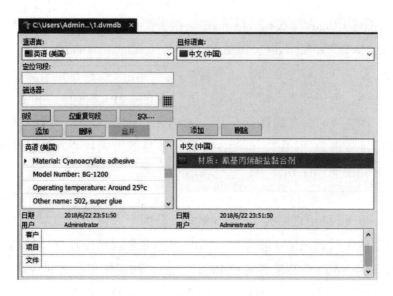

图 4 – 2　翻译记忆库设置

（三）词典

Déjà Vu 的词典（Lexicon）功能可利用自带术语，提取工具制作的当前项目词典库。还可通过建立词典，提高不同译员在术语使用方面的统一度。词典会呈现在整个项目资源树中，软件能够自动统计词频、源语言、目标语，译员可在此基础上进行修订和更正，并随时添加词条，对词典进行动态更新。项目词典指项目中所有源语言的单词（或词组的列表），即所有术语和短语的索引。Déjà Vu 能够创建索引，辅以词典提供的单个术语或片段出现的次数，项目中的关键术语清晰明了。

（四）语料对齐与回收

Déjà Vu 具备语料对齐功能，对齐文件的格式为 . dvapr，软件支持 . doc、. rtf、. cnt、. xls、. ppt、. mif 等 40 余种对齐文件格式。对齐后的文本可直接导入已存在的记忆库，实现语料的再利用。

对齐语料是语言资产的回收和再利用，Déjà Vu 的对齐工具界面简洁，易于操作。译员只需在文件菜单中选择新建选项，新建对齐工作文件后，就会自动弹出对齐过程向导。译员根据向导指示添加源语言文件和目标语文件，对齐工具即可自动分句对齐。对齐后，译员可对句段进行合并、拆分、删除、移动，也可将对齐后的文本添加到术语库和记忆库中，重复利用（图 4－3）。

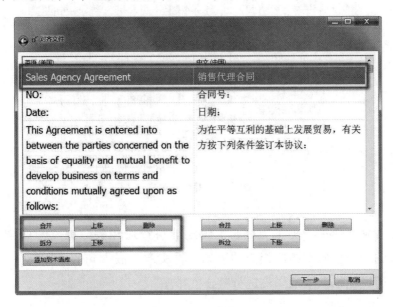

图 4－3 语料对齐

（五）质量保证

Déjà Vu 的质量保证校对功能可检查译文术语一致性、数字完整性、标记正确性、空格有无丢失、重复句段和拼写等，性能极佳。检查结果会明确标示出有问题的部分，并提出修改意见，帮助译者快捷高效地修改译文，保证译文准确性。质量保证检查结果可外部查看，选择"文件"菜单下的"共享"——"双语 RTF"命令，导出表格形式，标注译文错误类型，便于不熟悉翻译软件的人员校对、查看（图 4－4）。

（六）汇编

Déjà Vu 具有特殊汇编功能，可借助 DeepMiner 对基于实例的机译和专向搜索功能进行整合。鉴于多数类型文本各语段、语句间的重复率差别迥异，该功能可将搜索到的术语、数字以及其他可省译元素自动排列在译文区。此功能适用于翻译语法较为简单的文本，可大幅提

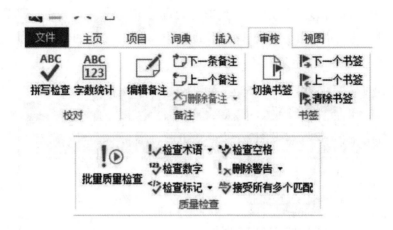

图 4 - 4   QA 菜单栏

高译者翻译效率。另一方面，汇编功能可针对相关数据库开展全面、细致的检查，甄别结构相似的语句，将文章中嵌入句的译文与嵌入后无法通过扫描获取的译文进行整合、排序。

（七）扫描

扫描功能是 Déjà Vu 一大特色。该功能可快速定位有待完善或存疑的文字。译员选中需要扫描的部分（单词、短语、短句等），使用快捷键"Ctrl + S"或右键 Scan 进行扫描，扫描结果将注明不匹配的部分，并列出所有匹配结果，用户可通过插入等功能将其添加至原工作界面。

（八）自动图文集

自动图文集功能类似于 Word 的自动图文功能：输入缩写即可获得全拼，用户可手动添加新标记，自定义所需的缩写形式，也可导入 Word 的用户词典。换句话说，译员可使用快捷键代替输入频率较高的术语或短语，节省翻译时间。自动图文集功能同时具备自动更正功能，如果预先设定的某一项缩写翻译有误，可通过该功能进行更正。

（九）传播

传播功能在 Déjà Vu 运行时起辅助作用。当发现某句段、词汇译文有误，且此错误在译文本中已有出现，需要通过传播功能对所有错误语段进行自动更正。同时，每一处单个语句的翻译完成后，Déjà Vu 可筛选出剩余项目中的相同语句，自动复制、插入相同译文。Déjà Vu X3 一旦甄别到相似语句，也会提示译员进行确认，并自动插入一个自我修复的模糊匹配。只要译文在特定语境中的含义无误，传播功能就会发挥效用，译员可视情况自行选择译文。

二　操作示例

本节参考计算机辅助翻译工具 Déjà Vu X3 项目实操指南，以法律合同翻译为例，演示操作 Déjà Vu X3。案例为 Word 文档，格式为 .docx，语言方向为英文——中文。

（一）项目情况

销售代理合同原文：

Exclusive Agency Agreement

NO：201707100712　　　　　　　　Date：December 28，2015

This Agreement is entered into between the parties concerned on the basis of equality and mutual benefit to develop business on terms and conditions mutually agreed upon as follows：

Contracting Parties

Supplier（hereinafter referred to as "party A"）：Agent（hereinafter referred to as "party B"）：

Company A　　　　　　　　　　　　Company B

Party A hereby appoint Party B to act as his selling agent to sell the commodity mentioned below.

1. Commodity and Quantity or Amount

It is mutually agreed that Party B shall undertake to sell not less than 5 tons of the aforesaid commodity in the duration of this Agreement.

2. Territory

In Mainland China only.

3. Confirmation of Orders

The quantities，prices and shipments of the commodities specified in this Agreement shall be confirmed in each transaction，the particulars of which are to be specified in the Sales Confirmation signed by the two parties hereto.

4. Payment

After confirmation of the order，Party B shall arrange to open a confirmed，irrevocable L/C available by draft at sight in favor of Party A within the time specified in the relevant S/C.

Party B shall also notify Party A immediately after L/C is opened so that Party A can get prepared for delivery.

5. Commission

Upon the expiration of the Agreement and Party B's fulfillment of the total turnover mentioned in Article 2，Party A shall pay to Party B 20% commission on the basis of the aggregate amount of the invoice value against the shipments effected.

---

6. Reports on Market Conditions

Party B shall forward once every three months to party A detailed reports on current market conditions and of consumers' comments. Meanwhile, Party B shall, from time to time, send to party A samples of similar commodities offered by other suppliers, together with their prices, sales information and advertising materials.

7. Advertising & Publicity Expenses

Party B shall bear all expenses for advertising and publicity within the aforementioned territory in the duration of this Agreement and submit to Party A all patterns and/or drawings and description in advance for its check and approval.

8. Validity of Agreement

This Agreement, after its being signed by the parties concerned, shall remain in force for 90 days from December 28, 2015 to March 26, 2016.

If either Party wishes to extend this Agreement, it shall notify the other party in writing one month prior to its expiration, and such extension shall be determined by both parties hereto through consultation.

Should either party fail to implement the terms and conditions herein, the other party is entitled to terminate this Agreement.

9. Arbitration

All disputes arising from the execution of this Agreement shall be settled through friendly consultations. In case no settlement can be reached, the case in dispute shall then be submitted to the Foreign Trade Arbitration Committee of the China Council for the Promotion of International Trade for arbitration in accordance with its provisional rules of procedure.

The decision made by this Committee shall be regarded as final and binding upon both parties.

Arbitration fees shall be borne by the losing party, unless otherwise awarded.

10. Other Terms & Conditions

Party A shall not supply the contracted commodity to any other buyer(s) in the above mentioned territory. Direct enquiries, if any, will be referred to Party B.

However, should any other buyers wish to deal with Party A directly, Party A may do so. But Party A shall send to Party B a copy of Sales Confirmation and give Party B 20% commission on the basis of the net invoice value of the transaction(s) concluded.

Should Party B fail to pass on his orders to Party A in a period of 2 months for a minimum of 1.5 tons, Party A shall not bind himself to this Agreement.

For any business transacted between governments of both Parties, Party A may handle such direct dealings as authorized by Party A's government without binding himself to this Agreement.

Party B shall not interfere in such direct dealings nor shall Party B bring forward any demand for compensation therefrom.

This Agreement shall be subject to the terms and conditions in the Sales Confirmation signed by both parties hereto.

This Agreement is signed on December 28, 2015 in Guangzhou and is in two originals;

Each Party shall have one copy.

11. Signatures of the Parties:

On behalf of Party A: **On behalf of Party B:**

General Director   Head of Sales

_____   _____

Office/Mail address   **Office/Mail address**

Company: Company:

Address: Address:

ZIP code: ZIP code:

　　在实际的翻译业务中，客户一般会提供项目相关词汇表、双语或单语资料等；若客户无法提供，可从客户提供的参考文件或者待译文件中选取关键词或高频词，与客户商定专业词汇术语的表达，制成词汇表。

　　在本案例中，客户提供以下语言数据库：销售代理合同模板中英双语平行文件（.docx）和合同翻译常用词汇中英双语术语表（.xls）。

　　销售代理合同模板中文（.docx）：

销售代理合同
合同号：
日期：
为在平等互利的基础上发展贸易，有关方按下列条件签订本协议：
订约人供货人（以下称甲方）：
销售代理人（以下称乙方）：
甲方委托乙方为销售代理人，销售下列商品。
商品名称及数量或金额
双方约定，乙方在协议有效期内，销售不少于＊＊的商品。
经销地区
只限在……
订单的确认
本协议所规定商品的数量、价格及装运条件等，应在每笔交易中确认，其细目应在双方签订的销售协议书中做出规定。
付款
订单确认之后，乙方须按照有关确认书所规定的时间开立以甲方为受益人的保兑的、不可撤销的即期信用证。
乙方开出信用证后，应立即通知甲方，以便甲方准备交货。
佣金
在本协议期满时，若乙方完成了第二款所规定的数额，甲方应按照装运货物所收到的发票累计总金额付给乙方＊%的佣金。
市场情况报告
乙方每3个月向甲方提供一次有关当时市场情况和用户意见的详细报告。同时，乙方应随时向甲方提供其他供应商的类似商品样品及其价格、销售情况和广告资料。
宣传广告费
在本协议有效期内，乙方在上述经销地区所作广告宣传的一切费用，由乙方自理。乙方须事先向甲方提供宣传广告的图案及文字说明，由甲方审阅同意。
协议有效期
本协议经双方签字后生效，有效期为＊＊天，自＊＊至＊＊。
若一方希望延长本协议，则须在本协议期满前1个月书面通知另一方，经双方协商决定。
若协议一方未履行协议条款，另一方有权终止协议。
仲裁
在履行协议过程中，如产生争议，双方应友好协商解决。若通过友好协商达不成协议，则提交中国国际贸易促进委员会对外贸易仲裁委员会，根据该会仲裁程序暂行规定进行仲裁。
该委员会的决定是终局的，对双方均具有约束力。
仲裁费用，除另有规定外，由败诉一方负担。

其他条款

甲方不得向经销地区其他买主供应本协议所规定的商品。

如有询价，当转达给乙方治办。

若有买主希望从甲方直接订购，甲方可以供货，但甲方须将有关销售确认书副本寄给乙方，并按所达成交易的发票金额给予乙方＊％的佣金。

若乙方在＊月内未能向甲方提供至少＊＊订货，甲方不承担本协议的义务。

对双方政府间的贸易，甲方有权按其政府的授权进行有关的直接贸易，而不受本协议约束。乙方不得干涉此种直接贸易，也无权向甲方提出任何补偿或佣金要求。

本协议受签约双方所签订的销售确认条款的制约。

本协议于＊＊年＊月＊日在＊＊签订，正本两份，甲乙双方各执一份。

销售代理合同模板英文（.docx）：

Sales Agency Agreement

NO：

Date：

This Agreement is entered into between the parties concerned on the basis of equality and mutual benefit to develop business onterms and conditions mutually agreed upon as follows：

Contracting Parties Supplier（hereinafter referred to as "party A"）：

Agent（hereinafter referred to as "party B"）：

Party A hereby appoint Party B to act as his selling agent to sell the commodity mentioned below.

Commodity and Quantity or Amount

It is mutually agreed that Party B shall undertake to sell not less than…of the aforesaid commodity in the duration of this Agreement.

Territory

In……only.

Confirmation of Orders

The quantities, prices and shipments of the commodities specified in this Agreement shall be confirmed in each transaction, the particulars of which are to be specified in the Sales Confirmation signed by the two parties hereto.

Payment

After confirmation of the order, Party B shall arrange to open a confirmed, irrevocable L/C available by draft at sight in favor of Party A within the time specified in the relevant S/C.

Party B shall also notify Party A immediately after L/C is opened so that Party A can get prepared for delivery.

Commission

Upon the expiration of the Agreement and Party B's fulfillment of the total turnover mentioned in Article 2, Party A shall pay to Party B…% commission on the basis of the aggregate amount of the invoice value against the shipments effected.

Reports on Market Conditions

Party B shall forward once every three months to party A detailed reports on current market conditions and of consumers' comments. Meanwhile, Party B shall, from time to time, send to party A samples of similar commodities offered by other suppliers, together with their prices, sales information and advertising materials.

Advertising & Publicity Expenses

Party B shall bear all expenses for advertising and publicity within the aforementioned territory in the

续表

duration of this Agreement and submit to Party A all patterns and/or drawings and description in advance for its check and approval.

Validity of Agreement

This Agreement, after its being signed by the parties concerned, shall remain in force for⋯days from⋯to⋯

If either Party wishes to extend this Agreement, it shall notify the other party in writing one month prior to its expiration, and such extension shall be determined by both parties hereto through consultation.

Should either party fail to implement the terms and conditions herein, the other party is entitled to terminate this Agreement.

Arbitration

All disputes arising from the execution of this Agreement shall be settled through friendly consultations. In case no settlement can be reached, the case in dispute shall then be submitted to the Foreign Trade Arbitration Commission of the China Council for the Promotion of International Trade for arbitration in accordance with its provisional rules of procedure.

The decision made by this Commission shall be regarded as final and binding upon both parties.

Arbitration fees shall be borne by the losing party, unless otherwise awarded.

Other Terms & Condition

Party A shall not supply the contracted commodity to any other buyer (s) in the abovementioned territory.

Direct enquiries, if any, will be referred to Party B.

However, should any other buyers wish to deal with Party A directly, Party A may do so. But party A shall send to Party B a copy of Sales Confirmation and give Party B⋯% commission on the basis of the net invoice value of the transaction (s) concluded.

Should Party B fail to pass on his orders to Party A in a period of⋯months for a minimum of⋯, Party A shall not bind himself to this Agreement.

For any business transacted between governments of both Parties, Party A may handle such direct dealings as authorized by Party A's government without binding himself to this Agreement.

Party B shall not interfere in such direct dealings nor shall Party B bring forward any demand for compensation therefrom.

This Agreement shall be subject to the terms and conditions in the Sales Confirmation signed by both parties hereto.

This Agreement is signed on⋯at⋯and is in two originals; Each Party shall have one copy.

表 4 - 1　　　　　　　　合同翻译常用词汇术语（.xls）

	Chinese	English
1	劳动法	labor Law
2	劳动关系	labor relation
3	社会保险和福利	social insurance protection and welfare
4	劳动纪律	labor discipline
5	职业道德	professional ethnics
6	工会	trade unions
7	集体合同	collective contract

	Chinese	English
8	订立和变更劳动合同	the conclusion and revision of labor contact
9	无效劳动合同	invalid labor contract
10	劳动合同期限	term of the labor contact
11	劳动报酬	remuneration
12	终止劳动合同	terminate the labor contract
13	违反劳动合同的责任	responsibilities for violating the labor contract
14	试用期	trial execution/ the period of trial use
15	劳动合同关系	contractual labor relationship
16	解除劳动合同	dissolve a labor contract
17	经济补偿	economic compensation
18	职业病	occupational diseases
19	工伤	job injuries
20	延长劳动时间	extend the working hours
21	法定假日	statutory holidays
22	最低工资	minimum wage
23	产假	maternity leave
24	职业培训	vocational training

（二）项目准备

项目准备主要包括项目文件夹准备、翻译记忆库准备、术语库准备和机器翻译 API 准备。

1. 项目文件夹准备

在项目文件夹的准备过程中，分类存放和定期备份是最重要的两大原则。首先，按照项目属性创建项目文件夹。此处创建一个名为"Déjà Vu X3 项目实操"的文件夹。在这个文件夹下，创建 9 个子文件夹（图 4-5）。每个子文件夹的用途如表 4-2 所示。

表 4-2   子文件夹的用途

00_ Existing Databases	用于存放供项目参与者参考使用的双语文件、词汇表等现有数据库
01_ Source Files	用于存放客户提供的原始文档，包括扫描书籍形成的图片或 PDF 文件，以及其他格式的电子文档等源语言文件

续表

02_ Projects	用于存放 Déjà Vu X3 在项目初建时建立的项目文件、子项目文件及对齐项目文件等
03_ TM & TB	用于存放供项目参与者参考使用的翻译记忆库和术语库
04_ Analysis Reports	用于存放供项目参与者参考使用的项目分析报告
05_ External Review	用于存放导出供外部审校的 XLIFF、RTF 等文件
06_ Proofreading 1	用于存放一审的文档
07_ Proofreading 2	用于存放二审的文档
08_ Final	用于存放最终定稿的文档

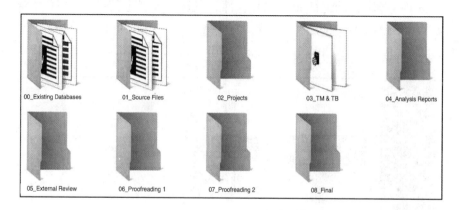

图 4 - 5　翻译项目的文件夹层级关系

2. 翻译记忆库准备

图 4 - 6　翻译记忆库格式转换

在 Déjà Vu X3 翻译记忆库模块 (图 4 - 6) 中,我们可以将 Déjà Vu X3 翻译记忆库、TMX 文件、分隔符分割的文本文件、Trados Workbench 文件、Access 文件、ODBC 数据库文件、Excel 文件以及 Déjà Vu 对齐文件导入为 Déjà Vu 翻译记忆库格式文件 (. dvmdb),也可以将

Déjà Vu 翻译记忆库格式文件（. dvmdb）导出为 Déjà Vu X3 翻译记忆库、TMX 文件、分隔符分割的文本文件、Trados Workbench 文件、Access 文件、ODBC 数据库文件以及 Excel 文件，从而实现分隔符分割的文本文件、Access 文件、ODBC 数据库文件、Excel 文件、TMX 文件以及 Déjà Vu 翻译记忆库格式文件（. dvmdb）之间的相互转换。

而在 Déjà Vu X3 翻译记忆库模块外部数据中，译员可利用对齐功能，将客户提供的销售代理合同模板中英双语平行文件（. docx）转换为 Déjà Vu 翻译记忆库（. dvmdb）。具体步骤如下：

（1）新建翻译记忆库。打开软件，点选"文件"菜单，选择"新建"——"翻译记忆库"（图 4 - 7）。

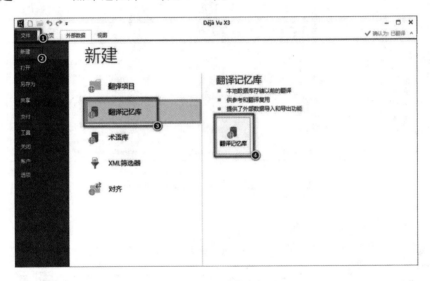

图 4 - 7　新建翻译记忆库

（2）指定存储位置。在弹出的对话框中，点选"浏览"（图 4 - 8）。

（3）选择新翻译记忆库的名称和位置。在弹出的对话框中，选择将新翻译记忆库存储在"03_ TM & TB"文件夹中，并将文件命名为"销售代理合同模板"，随后点选"保存"。在弹出的对话框中，点选"关闭"，新翻译记忆库的创建就此完成（图 4 - 9）。

（4）在当前翻译记忆库模块，点选"外部数据"菜单，选择"导

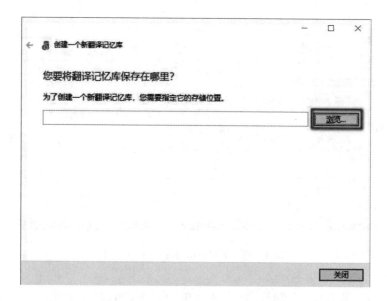

图 4 - 8　指定翻译记忆库存储位置

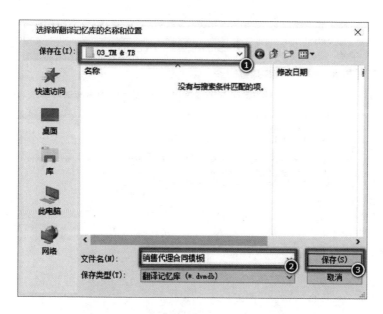

图 4 - 9　选择新翻译记忆库的名称和位置

入"区域中的"对齐"选项（图 4 - 10）。

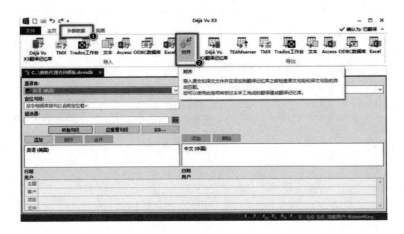

图 4 – 10　从外部数据导入对齐文件

（5）选择弹出的对话框中的"创建一个新的对齐工作文件"选项
（图 4 – 11）。

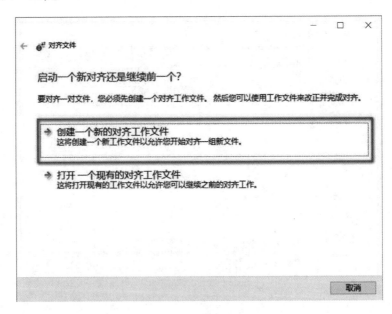

图 4 – 11　创建对齐工作文件

（6）指定存储位置。在弹出的对话框中，点选"浏览"。

（7）选择对齐工作文件的名称和位置。在弹出的对话框中，选择将对齐工作文件保存在"02_ Projects"文件夹，并将文件命名为"销售代理合同模板语料对齐"，然后点选"保存"（图4-12）。

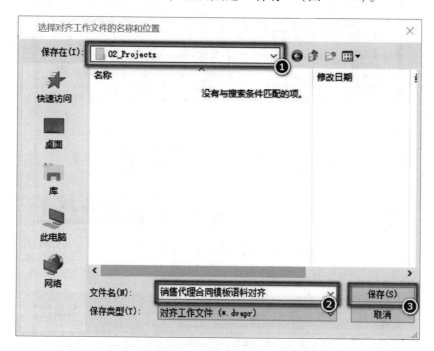

图4-12　选择对齐工作文件的名称和位置

（8）点选"下一步"，在弹出的对话框中，将源语言设置为"英语（美国）"，并添加"00_ Existing Databases"文件夹中的"销售代理合同模板-en. docx"文件为源语言文件；同理，将目标语设置为"中文（中国）"，并添加"00_ Existing Databases"文件夹中的"销售代理合同模板-cn. docx"文件为目标语文件（图4-13）。

（9）点选"下一步"，在弹出的对话框中，通过"合并""拆分""上移""下移""删除"等操作，确保每个翻译单元的原文和译文一一对应（图4-14）。

（10）点选"下一步"，指定客户和主题。

（11）点选"下一步"，自动将对齐结果发送至当前翻译记忆库。

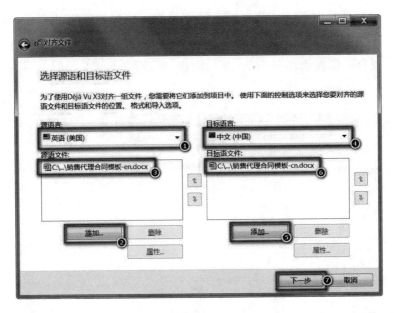

图 4 – 13　选择源语言和目标语文件

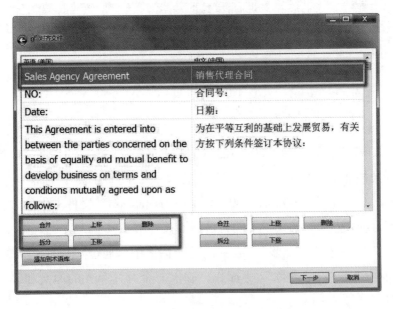

图 4 – 14　人工审核自动对齐结果

3. 术语库准备

通过 Déjà Vu X3 术语库模块外部数据,将客户提供的合同翻译常用词汇中英双语术语表（.xls）导入为 Déjà Vu 术语库（.dvtdb）。具体操作步骤如下:

（1）新建术语库。打开软件,点选"文件"菜单,选择"新建"——"术语库",并指定存储位置。

（2）选择新术语库的名称和位置。在弹出的对话框中,选择将新术语库保存在"03_ TM & TB"文件夹中,并将文件命名为"劳动合同翻译常用词汇术语库",然后点选"保存"（图 4 – 15）。

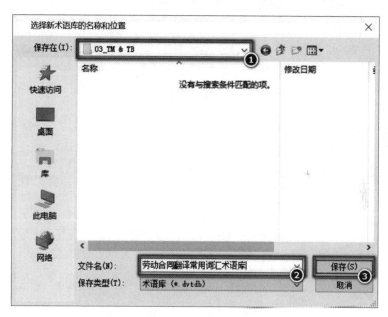

图 4 – 15　选择新术语库的名称和位置

（3）选择术语库模板,术语库模板有 Minimal、CILF、CRITER、TBX 等 13 种样式,可添加词条缩写形式、同义词、反义词等,此处选择最小的结构样式（Minimal）,单击"关闭",术语库创建完成（图 4 – 16）。

（4）在当前术语库模块中,点选"外部数据"菜单。在"导入"

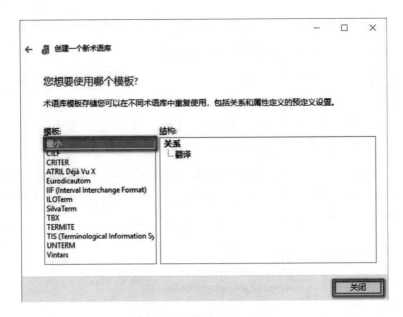

图 4 - 16　选择术语库模版

区域，选择"Excel"选项（图 4 - 17）。

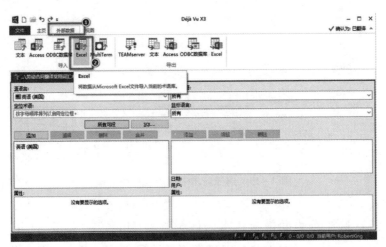

图 4 - 17　从外部数据导入 Excel 术语表文件

（5）点选"选择"，选中"00_ Existing Databases"文件夹下的
"劳动合同翻译常用词汇 . xls"文件（图 4 - 18）。

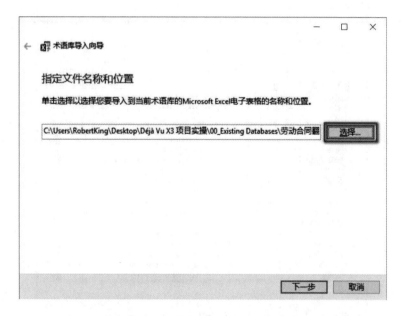

图 4 – 18　指定术语库文件名称和位置

（6）单击"下一步"，在弹出的对话框中，指定上述文件导入选项，如勾选"第一行包含字段名称"，字段名称"Chinese""English"将不会作为术语对导入术语库中；反之，则会导入。此处，应勾选"第一行包含字段名称"（图 4 – 19）。

（7）单击"下一步"，在弹出的"指定字段信息"对话框中，将"Chinese""English"分别指定为"主词条"和"翻译"。之后，为对应字段指定语言和对应的编码。

（8）单击"下一步"，在弹出的界面中可选择"删除重复句段"。

（9）单击"下一步"，弹出对话框，显示成功导入的词条数；单击"关闭"即可完成导入。

（10）机器翻译 API 准备

Déjà Vu X3 集成 9 款世界主流的机器翻译引擎接口，包含 MyMemory 机器翻译引擎、微软机器翻译引擎、百度机器翻译引擎、SYSTRAN、iTranslate 4、PROMT、亚洲在线语言工作室和 PangeaMT 等。机器翻译引擎供应商在官网上申请 API 后，可在 Déjà Vu X3 上加以调用。

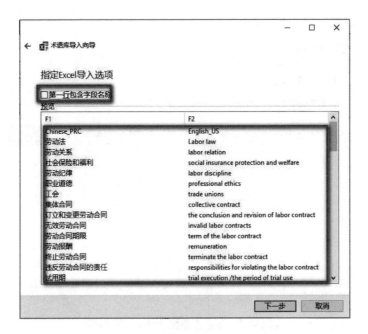

图 4 – 19   指定 Excel 术语表文件导入选项

（三）创建翻译项目

1. 在"文件"菜单中选择创建"翻译项目"，选择将新项目文件保存在"02_ Projects"文件夹中，并将文件命名为"销售代理合同英译中"，然后点选"保存"。

2. 指定项目涉及的语言。按照设计，Déjà Vu X3 工作组版支持在一个项目中将一种源语言翻译为多种目标语，因此在源语言一项中，用户只能选择一种语言。对于英译汉项目，源语言就是英语。不过需要注意，英语已成为国际语言，衍生出多种变体，Déjà Vu X3 对英语的变体进行了详细区分。确定了源语言后，在左下角的可用语言中选择汉语。注意汉字文化圈包含亚洲的多个国家和地区，同样存在多种变体，故应选择"中文（中国）"（图 4 – 20）。

3. 添加翻译记忆库。参照图 4 – 21，点选"添加本地翻译记忆库"，通过查找功能，将"03_ TM & TB"中的翻译记忆库"销售代理合同模板.dvmdb"添加到项目中。

图 4 - 20　确定项目的语言对

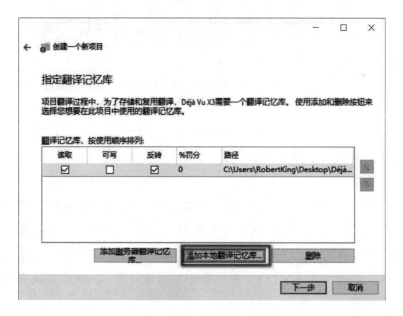

图 4 - 21　添加项目翻译记忆库

4. 创建翻译记忆库。点选"添加本地翻译记忆库"，在弹出的对话框中，将"查找范围"设置为"03_ TM & TB"。将"文件名"命名为当前文件夹里没有的名称，即"新建临时翻译记忆库"。然后，在弹出的"此文件不存在，是否创建该文件？"对话框中，点选"是"，即可完成临时翻译记忆库的创建（图4－22）。

图4－22　创建项目翻译记忆库

5. 添加术语库。点选"添加本地翻译记忆库"，通过查找，将"03_ TM & TB"中的翻译记忆库"劳动合同翻译常用词汇术语库.dvtdb"添加到项目。

6. 创建术语库。点选"添加本地术语库"，在弹出的对话框中，将"查找范围"设置为"03_ TM & TB"。将"文件名"命名为当前文件夹里没有的名称，即"临时术语库"。然后，在弹出的"此文件不存在，是否创建该文件？"对话框中，点选"是"，即可完成临时术语库的创建。

7. 指定机器翻译引擎。本项目申请添加百度机器翻译API，并在弹出框中输入对应的ID与密钥（图4－23、图4－24）。

8. 指定翻译项目针对的客户（Client）和翻译项目的主题类别。

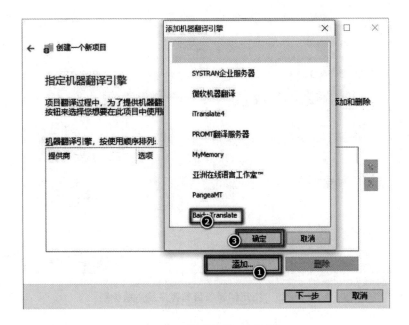

图 4 - 23　指定机器翻译引擎

图 4 - 24　输入对应的密钥

客户列表需要译员自行创建,翻译项目的主题类别也需要译员自主选择(图 4 - 25)。

9. 添加源语言文件。导入"01_ Source Files"中的源语言文件"Exclusive Agency Agreement. docx",导入成功后进入翻译界面。

(四) 项目分析

项目创建完成后,可在翻译工作开展之前对源语言文件字数进行统计,分析待译文本单词、符号及编码信息。若此前已有翻译记

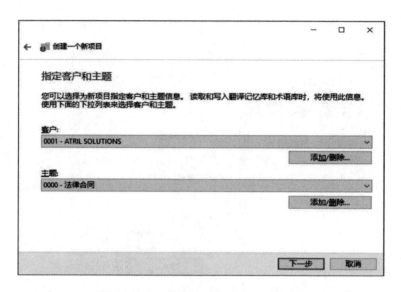

图4-25　指定翻译项目的客户及主题类别

忆库，可以统计当前文件的匹配率和重复率，为译员的翻译工作提供便利。

1. 在"项目——分析"选项中，针对语言（当前语言和所有语言）、文件（每个文件和所有文件）、重复句段（忽略大小写、忽略数字和忽略内联标记）、翻译记忆库（使用所有项目的翻译记忆库、仅使用指定的翻译记忆库和都不使用）和其他选项（字数统计，包括Déjà Vu风格和Microsoft Word风格；统计锁定句段；项目内部分析；项目之间分析）进行设置。

2. 单击"分析"，软件会自动统计，统计结果显示项目摘要、全文句段数量与字数、重复句段数量与字数、重复率、匹配率等信息（图4-26）。

3. 分析完成后，可以"复制""保存"分析结果。此处将分析结果保存至"04_ Analysis Reports"文件夹。

（五）预翻译

在人工手动翻译编辑之前，往往会利用翻译记忆库、术语库和机器翻译引擎对待译文本进行预翻译。

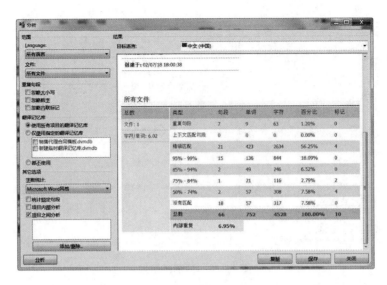

图 4 - 26 项目分析

1. 在"项目"——"预翻译"选项中，进行预翻译设置（图
4 - 27）。

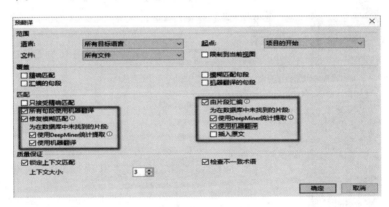

图 4 - 27 预翻译设置

2. 待处理完成后，显示预翻译结果（图 4 - 28）。

（六）翻译编辑

预翻译结束后，每个句段均有初译文，译者需对每个句段的初译
文校改、编辑。

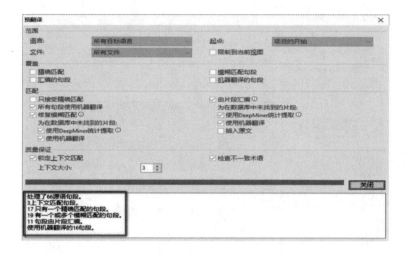

图 4 - 28　预翻译结果

1. 编辑原文。为防止误删、误改原文，Déjà Vu X3 默认不允许对原文进行编辑。如有需要，译者可参照图 4 - 29 进行设置：

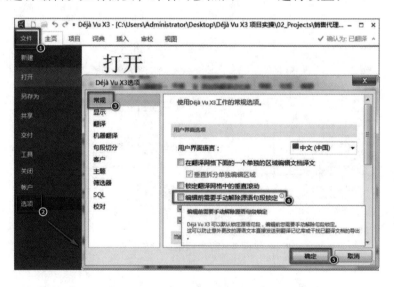

图 4 - 29　编辑原文设置

2. 合并、拆分句段。Déjà Vu X3 有时在切分句子时会产生错误，如翻译过程中需合并当前句和下一句。调整目标语的语序，可以单击右键，选择"合并句段"或按快捷键"Ctrl + J"（J 代表 Join）。同样，若断句效果欠佳，用户需手动拆分待译句，可将光标置于需要拆分的位置，按快捷键"Ctrl + Shift + J"；或单击右键，选择"拆分句段"。

3. 调整文本格式。若原文中字体等格式信息在 Déjà Vu X3 中未完整保留，可调用"文本格式"工具对译文进行处理（图 4 - 30）。

图 4 - 30　文本格式工具

4. 调用匹配结果。若翻译记忆库、术语库、机器翻译结果中有匹配句段或片段，"自动搜索——句段"和"自动搜索——片段"区域会使用红色、蓝色和紫色高亮标注。用户可通过双击匹配信息框（红色框任意处），将译文自动添加至目标区内；或使用快捷键"Ctrl + 匹配数字编号"（红色为匹配数字编号）（图 4 - 31）。

5. 进行相关搜索。可借助以下两项特色功能在 Déjà Vu X3 中完成搜索：

（1）扫描翻译记忆库。扫描功能是预翻译、自动汇编和自动搜索的补充措施。使用该功能可快速查找需要修改或存疑的文字部分。选中要扫描的部分（单词、短语、短句等均可）后，使用快捷键"Ctrl + S"或右键"扫描翻译记忆库"即可进行扫描（图 4 - 32）。

（2）查找术语库。该功能可以在术语库中快速查找需要或有疑问的术语或片段等。选中要查找的术语或片段后，使用快捷键"Ctrl + L"

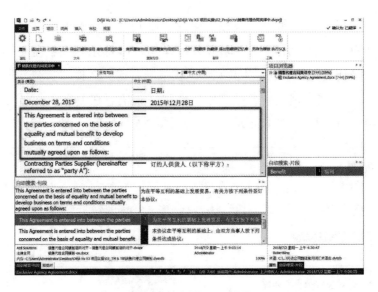

图 4 - 31　调用匹配结果

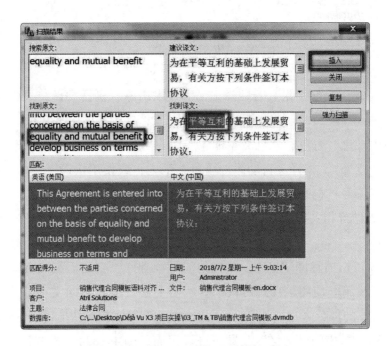

图 4 - 32　翻译记忆库扫描结果

或右键“查找术语库”进行查找（图4－33）。

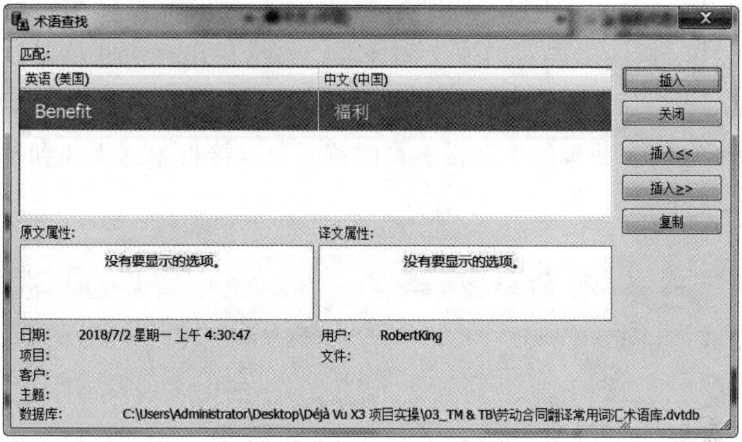
术语查找
匹配:
英语 (美国)
中文 (中国)
Benefit
福利
插入
关闭
插入<<
插入>>
复制
原文属性:
译文属性:
没有要显示的选项。
没有要显示的选项。
日期:
2018/7/2 星期一 上午 4:30:47
用户:
RobertKing
项目:
文件:
客户:
主题:
数据库:
C:\Users\Administrator\Desktop\Déjà Vu X3 项目实操\03_TM & TB\劳动合同翻译常用词汇术语库.dvtdb

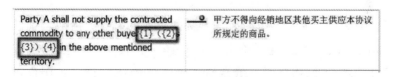

图4－33　术语库查找结果

6. 处理格式标签。灰色数字标签{1}和{2}为格式标签，即控制码，包含原文句子的格式信息。在多数情况下，译员无需了解格式标签内容，翻译过程中只需保持格式标签的相对位置正确即可（图4－34）。

Party A shall not supply the contracted commodity to any other buye{1} ({2}s {3}) {4}in the above mentioned territory.
甲方不得向经销地区其他买主供应本协议所规定的商品。

图4－34　格式标签

若译文中格式标签缺失，则无法导出译文。补齐后，可导出译文。添加格式标签的方式有三种：

（1）直接复制原文代码到目标区域内。

（2）使用快捷键F8（或“Ctrl＋D”）将缺失的格式标签逐个复制到译文区内。

（3）使用快捷键“Alt＋F8”将当前句段缺失的格式标签一次性复制到译文区内。

7. 添加术语对到术语库。若翻译中出现术语，如文中"Exclusive Agency Agreement"译为"独家代理协议"，此时需将该术语添加到术语库中。选中术语对的原文和译文，右击后出现关联菜单，选择"添加到术语库"或"快速添加到术语库"；或使用快捷键 F11 或"Shift + F11"，或单击工具栏上 的符号，直接将术语添加到术语库（图 4 - 35）。

图 4 - 35   添加术语对

8. 确认句段结果。每完成一个翻译单元的翻译，应对当前的翻译结果加以确认，然后再开始下一句翻译。若直接使用鼠标或方向键"↓"将编辑光标移至下一单元格，无法"确认"译文；用户可使用确认快捷键"Ctrl + ↓"或"Ctrl + Enter"对翻译结果进行确认。按下快捷键之后，可以看到原文和译文之间出现了"√"标志，表示当前句子的翻译已完成。

9. 发送更新结果到翻译记忆库。Déjà Vu X3 完成必要的校对之后，应把项目中所有的句对重新发送至翻译记忆库，对数据库中的所有记录进行更新（图 4 - 36）。

（七）翻译质量检查

初稿完成后，进入质量检查阶段。

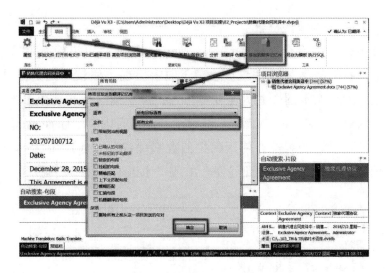

图 4 - 36　发送项目至翻译记忆库

1. 自动质检功能

（1）术语检查

翻译初稿完成但未进行人工校对之前，可使用 Déjà Vu X3 的自动质检功能，对一些基本错误加以检查、识别。其中最重要的自动质检功能是检查术语，核对术语翻译的一致性。术语检查（terminological consistency check）根据挂接在项目上的记忆库和术语库，检查每个翻译单位是否存在未按照术语表及翻译记忆中的对应关系翻译的情况。

使用术语一致性检查功能后，Déjà Vu X3 发现在此翻译单元中，"Commission"的译文与术语库不一致，用鼠标光标指向检查结果标志（即状态列中的红色惊叹号），可以通过弹出的信息条锁定纰漏之处（图 4 - 37）。

图 4 - 37　术语一致性检查

（2）数字一致性检查

数字一致性检查（numeral consistency check）可以检查原文和译文中的阿拉伯数字是否一致。这对于数字出现频率较高的财务报告、财经类报道等文本翻译尤为重要。不过，由于英汉行文规范不同，该功能有时会产生误报。如图 4 - 38 所示，源语言中有"December"，而目标语按照汉语的规范，使用阿拉伯数字"12"。Déjà Vu X3 只能对阿拉伯数字进行核对，在此处便会出现"术语不一致"的提示。

图 4 - 38　数字一致性检查

（3）格式标签检查

格式标签检查（embedded code check，快捷键 Ctrl + Shift + F8）会依次查找定位标签缺失或位置错误的翻译单位。标签是 CAT 工具用以保留行内排版信息的常规策略，标签的位置和顺序若产生错误，可能会造成译文无法导出等问题。因此，格式标签检查对于确保译文的正常识别、导出非常重要。

2. 基本审阅

使用 CAT 工具辅助翻译，一般的审阅原则是在 CAT 工具中进行一审和二审，再导出最终文档进行三审（终审）。初稿形成后，第一次校对往往会发现大量译文输入过程中格式、拼写方面的纰漏，以及句子缺乏连贯性等基本翻译错误。若仅仅在导出文档中对这些错误加以修正，翻译记忆库中的相关数据便无法随之更新，逐渐累积的参照价值大打折扣。

此外，对于某些项目而言，导出的文件不像 Word 文件那样便于打印、浏览和编辑，用户应直接在 CAT 中完成所有必要的修改，保证导出内容的质量。另外需要注意，对于 Word 等文字处理软件格式的文档，在导出之后进行终审时，推荐使用软件内的"修订"功能，记录修订痕迹。终审完成后，再将修改结果同步到 Déjà Vu X3 项目中。

3. 使用外部视图

某些情况下，由于审阅时间的限制，翻译校对者可能并未安装 Déjà Vu X3，也无法对 Déjà Vu X3 的操作方法进行系统化学习。此时可将 Déjà Vu X3 项目中需要校对的文件导出为外部视图（External View），最典型的方式是将其导出为 RTF 格式文件，这种文件可以用 Word 等常见文字处理软件打开并编辑（图 4 – 39）。然后保存在"05_ External Review"文件夹中（图 4 – 40）。

图 4 – 39　导出双语 RTF

在导出的表格中，共有序号（ID）、源语言、目标语、批注（Comments）和状态（Status）五列。审阅者应直接修改目标语中的内容（注意：不要使用 Word 的修订功能）。另外，不要改变表格结构（如对单元格增删）等。使用这种格式进行审阅时，若使用 Word 的"修订"功能，完成修订后应另存一份"接受所有修订"的版本，将此版本导入 Déjà Vu X3。否则，已经删除的内容仍会被视作正常字符加以

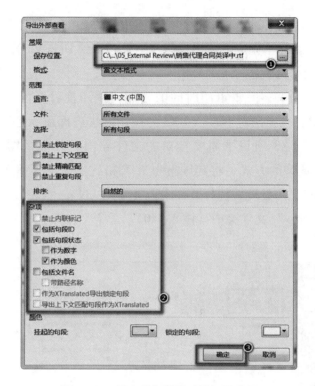

图 4 – 40　导出外部视图对话框及选项

识别、导入（图 4 – 41）。

ID	Source	Target	Comments	Status
0000004	Exclusive Agency Agreement	独家代理协议		
0000014	Exclusive Agency Agreement	独家代理协议		
0000020	NO:	合同号：		
0000021	201707100712	201707100712		
0000026	Date:	日期：		
0000028	December 28, 2015	2015年12月28日		
0000032	This Agreement is entered into between the parties concerned on the basis of equality and mutual benefit to develop business on terms and conditions mutually agreed upon as follows:	为在平等互惠的基础上发展贸易，有关方按下列条件签订本协议：		
0000035	Contracting Parties Supplier (hereinafter referred to as "party A"):	订约人供货人（以下称甲方）：		
0000038	Agent (hereinafter referred to as "party B"):	销售代理人（以下称乙方）：		
0000041	Company A	公司A		
0000044	Company B	公司B		

图 4 – 41　导出为 RTF 格式的外部视图

（八）导出译文

1. 导出文件或项目

项目中的单个文件（或整个项目）完成后，可分别选择相应的导出功能进行处理。导出单个文件的实操步骤如下：

（1）在右上角的"项目浏览器"小窗口（File Navigator），右键单击完成的文件，选择"导出"。

（2）在导出选项（Export Options）中，选择目标文件夹。

（3）如果希望同时导出 Déjà Vu X3 对某些翻译单位所作的批注，可勾选"作为 Office 备注导出译文备注"。

（4）最后点选"确定"。

翻译大型项目时，翻译与校对有时需要交替进行。此种情况可能涉及批量导出功能的使用。另外，除对整个项目文件进行统筹备份外，用户可每完成一个文件，立即将其导出备份，以便随时对翻译结果进行保存和更新（图 4 - 42）。

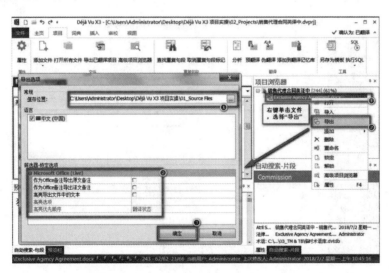

图 4 - 42　导出单个文件

若需要一次性导出项目中的所有文件，可右键单击文件列表最上方的项目文件名，选择"导出所有"（图 4 - 43）。

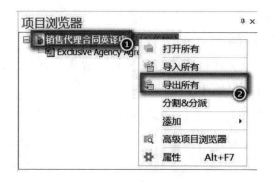

图 4 - 43　导出所有文件

如果需导出整个项目，可以选择"文件"——"导出"——"项目"（File-Export-Project），待指定目标文件夹，Déjà Vu X3 自行导出项目中的所有文件。此外，也可以通过"文件"菜单下的"交付"选项，在该界面选择整个项目（默认选项），指定保存位置后点选"导出"即可（图 4 - 44）。

图 4 - 44　交付（导出）整个项目

2. 检查导出文档的格式

文档导出后，除对译文进行校对外，还可以对照原文档，检查译文格式的一致性。对于 Word 等文字处理软件文档来说，目标语文件可以保留与源语言文件类似的文档外观。而 PowerPoint 在此基础上，能够进一步对动画和切换方式等元素加以保留。Déjà Vu X3 的这一特性是其广受欢迎的主要原因之一。

3. 定稿译文

独家代理协议

合同号：201707100712　　　　　　　　日期：2015 年 12 月 28 日

为在平等互利的基础上发展贸易，有关方按下列条件签订本协议：

订货人供货人（以下称甲方）：　　　　　销售代理人（以下称乙方）：

A 公司　　　　　　　　　　　　　　　　B 公司

甲方委托乙方为销售代理人，推销下列商品。

1. 商品名称及数量或金额

双方约定，乙方在协议有效期内，销售不少于五吨的商品。

2. 经销地区

仅限于中国大陆。

3. 订单的确认

本协议所规定商品的数量、价格及装运条件等，应在每笔交易中确认，其细目应在双方签订的销售协议书中做出规定。

4. 付款

订单确认之后，乙方须按照有关确认书所规定的时间开立以甲方为受益人的保兑的、不可撤销的即期信用证。

乙方开出信用证后，应立即通知甲方，以便甲方准备交货。

5. 佣金

在本协议期满时，若乙方完成了第二款所规定的数额，甲方应按照装运货物所收到的发票累计总金额给付乙方20％的佣金。

6. 市场情况报告

乙方每 3 个月向甲方提供一次有关当时市场情况和用户意见的详细报告。同时，乙方应随时向甲方提供其他供应商的类似商品样品及其价格、销售情况和广告资料。

7. 宣传广告费用

在本协议有效期内，乙方在上述经销地区广告宣传的一切费用，由乙方自理。乙方须事先向甲方提供宣传广告的图案及文字说明，由甲方审阅同意。

8. 协议有效期

本协议经双方签字后，自 2015 年 12 月 28 日至 2016 年 3 月 26 日有效，有效期为 90 天。

若一方希望延长本协议，则须在本协议期满前 1 个月书面通知另一方，经双方协商决定。

若协议一方未履行协议条款，另一方有权终止协议。

9. 仲裁

在履行协议过程中，如产生争议，双方应友好协商解决。若无法通过协商达成协议，则提交中国国际贸易促进委员会对外贸易仲裁委员会，根据该会仲裁程序暂行规定进行仲裁。

该委员会的决定具有终局性，对双方均具有约束力。

仲裁费用，除另有规定外，由败诉一方负担。

10. 其他条款

甲方不得向经销地区其他买主供应本协议所规定的商品。

如有询价，当转达给乙方洽办。

若其他买家意愿直接与甲方对洽，亦允成行。但甲方应根据销售合同的净发票金额，向乙方发送一份销售确认书，并给予乙方20%佣金。

若乙方在2月内未能向甲方提供至少1.5吨订货，甲方不承担本协议规定的义务。

针对双方政府间的贸易，甲方有权按其政府的授权进行有关的直接贸易，而不受本协议约束。乙方不得干涉此种直接贸易，也无权向甲方提出任何补偿或佣金要求。

本协议受签约双方所签订的销售确认条款的制约。

本协议于2015年12月28日在广州签订，正本两份，甲乙双方各执一份。

11. 各方签名：

代表甲方：	**代表乙方：**
总经理	销售主管
_____	_____
办公/邮件地址	**办公/邮件地址**
公司名称：	公司名称：
地址：	地址：
邮政编码：	邮政编码：

（九）相关技巧

1. 添加项目文件或文件夹

创建翻译项目后，Déjà Vu X3 可便捷地添加项目文件或文件夹。在"项目浏览器"区域内单击右键，在弹出的关联菜单中，选择"添加"——"添加文件"（图4-45）。

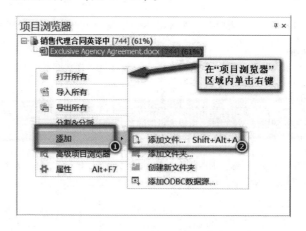

图4-45 添加项目文件

2. 多选句段

（1）当前句段处于"编辑模式"时，按快捷键"Enter"，将该句段由"编辑模式"转换为"选择模式"。

（2）切换到"选择模式"后，按住"Ctrl"，点选选定句段，即可依次对句段进行多选（图4-46）。

图4-46 依次多选句段

（3）切换到"选择模式"后，按住"Shift"，点选第一句段和最后句段，可连续多选第一句段至最后句段之间的所有句段（图4-47）。

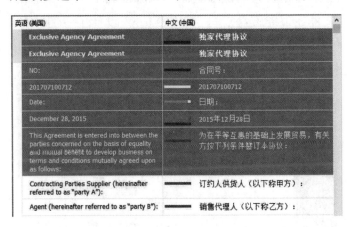

图4-47 连续多选句段

3. 修复工具的使用

Déjà Vu X3采用数据库保存项目、记忆库和术语库文件。若遇到

Déjà Vu 项目库以及术语库的三种工具，用户可依照自己的需求合理选用（图 4 – 48）。

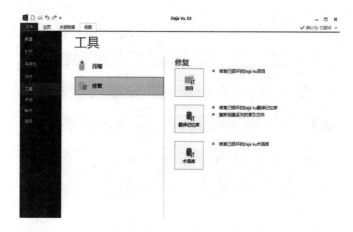

图 4 – 48   数据修复功能

4. 压缩工具的使用

Déjà Vu X3 项目、记忆库和术语库所对应的数据文件，在使用一段时间后，会占用较大的磁盘空间。一般情况下，项目完成后，便可压缩这些文件，节省磁盘空间。Déjà Vu X3 设计了专门针对这三类文件以及筛选器的压缩功能，用户对文件进行压缩时无需使用外部压缩软件（图 4 – 49）。

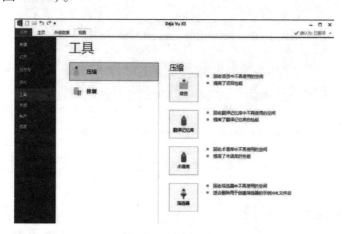

图 4 – 49   数据压缩功能

三 软件评价

Déjà Vu 是翻译记忆软件中的后起之秀,所具有的功能从基本翻译项目的创建到术语库、翻译记忆库及对齐文件的创建及管理,无一不足。随着用户群体日益庞大,该款软件的优势与特色逐渐为人所熟知。

首先,Déjà Vu 的术语管理极富特色。系统支持两级术语管理,分别是术语数据库和项目词典。项目词典因项目而异,其用途在于存储和项目紧密相关、极具针对性的术语。在实际翻译过程中,Déjà Vu 会参照原文,依次对项目词典、术语库和翻译记忆库进行检索。鉴于项目词典针对性极强,Déjà Vu 自动组合所得到的翻译素材参考及引鉴价值较高,大大节省译员的输入时间。术语管理的另一优点在于每个项目所使用的术语库和记忆库均为明确的数据库文件。用户既可以将其和项目文件保存在同一文件夹中,也可单独保存。该设计可以高效、便捷地保存与维护 Déjà Vu 翻译资源,大大降低重要数据文件遭用户误删的风险。

其次,Déjà Vu 还拥有一项特殊功能:将文档导出为外部视图。译员可以将翻译完成的初稿导出为双语对照的 Word 表格,供不使用 Déjà Vu 的校对人员审阅、校改。Deja Vu 会为表格每一行生成一个相应的序列号,校对完毕后,译员可将外部视图文件重新导入 Déjà Vu 的项目文件。

再次,Déjà Vu 支持所有格式的文件,如果隶属于同一项目,均可导入到同一个项目文件中,共享翻译记忆库、术语库和项目词典。这样便可以简化项目管理,最大限度避免项目资源混乱等情况。

又次,Déjà Vu 是真正的多语言 TM 系统。只要计算机操作系统支持的语言,都可以作为 Déjà Vu 翻译项目的源语言或目标语;针对同一种源语言可以设定多个目标语,此项功能对跨国公司内部资料的翻译尤为适用。

总之,Déjà Vu 功能强大、优点众多,但仍存在一定改进空间。

譬如，不易上手，操作步骤较为复杂。再者，译员使用其辅助翻译实践时，无法随时看到文本的分段及排版格式，缺乏上下文语境参考，此为该软件的缺憾。

练习题

练习1　运用 Déjà Vu 完成以下英译汉练习

（1）

To build a modern socialist country in all respects, we must, first and foremost, pursue high-quality development. Development is our Party's top priority in governing and rejuvenating China, for without solid material and technological foundations, we cannot hope to build a great modern socialist country in all respects. We must fully and faithfully apply the new development philosophy on all fronts, continue reforms to develop the socialist market economy, promote high-standard opening up, and accelerate efforts to foster a new pattern of development that is focused on the domestic economy and features positive interplay between domestic and international economic flows.

Pursuing high-quality development as our overarching task, we will make sure that our implementation of the strategy to expand domestic demand is integrated with our efforts to deepen supply-side structural reform; we will boost the dynamism and reliability of the domestic economy while engaging at a higher level in the global economy; and we will move faster to build a modernized economy. We will raise total factor productivity, make China's industrial and supply chains more resilient and secure, and promote integrated urban-rural development and coordinated regional development, so as to effectively upgrade and appropriately expand China's economic output. (Xi Jinping, *Hold High the Great Banner of Socialism with Chinese Characteristics and Strive in Unity to Build a Modern Socialist Country in All Respects*: *Re-*

port to the 20th National Congress of the Communist Party of China)

（2）

We will intensify reforms to streamline government administration, delegate power, improve regulation, and upgrade services. We will build a unified national market, advance reforms for the market-based allocation of production factors, and put in place a high-standard market system. We will refine the systems underpinning the market economy, such as those for property rights protection, market access, fair competition, and social credit, in order to improve the business environment.

We will improve the system of macroeconomic governance, give full play to the strategic guidance of national development plans, and enhance coordination between fiscal and monetary policies. We will work to expand domestic demand and better leverage the fundamental role of consumption in stimulating economic growth and the key role of investment in improving the supply structure. We will improve the modern budget system, optimize the tax structure, and improve the system of transfer payments.

We will deepen structural reform in the financial sector, modernize the central bank system, and strengthen and refine modern financial regulation. We will reinforce the systems that safeguard financial stability, place all types of financial activities under regulation according to the law, and ensure no systemic risks arise.

We will improve the functions of the capital market and increase the proportion of direct financing. We will take stronger action against monopolies and unfair competition, break local protectionism and administrative monopolies, and conduct law-based regulation and guidance to promote the healthy development of capital. （Xi Jinping, *Hold High the Great Banner of Socialism with Chinese Characteristics and Strive in Unity to Build a Modern Socialist Country in All Respects : Report to the 20th National Congress of the Communist Party of China*）

练习2　运用 Déjà Vu 完成以下汉译英练习

（1）

——中国式现代化是人口规模巨大的现代化。我国十四亿多人口整体迈进现代化社会，规模超过现有发达国家人口的总和，艰巨性和复杂性前所未有，发展途径和推进方式也必然具有自己的特点。我们始终从国情出发想问题、作决策、办事情，既不好高骛远，也不因循守旧，保持历史耐心，坚持稳中求进、循序渐进、持续推进。

——中国式现代化是全体人民共同富裕的现代化。共同富裕是中国特色社会主义的本质要求，也是一个长期的历史过程。我们坚持把实现人民对美好生活的向往作为现代化建设的出发点和落脚点，着力维护和促进社会公平正义，着力促进全体人民共同富裕，坚决防止两极分化。

——中国式现代化是物质文明和精神文明相协调的现代化。物质富足、精神富有是社会主义现代化的根本要求。物质贫困不是社会主义，精神贫乏也不是社会主义。我们不断厚植现代化的物质基础，不断夯实人民幸福生活的物质条件，同时大力发展社会主义先进文化，加强理想信念教育，传承中华文明，促进物的全面丰富和人的全面发展。

——中国式现代化是人与自然和谐共生的现代化。人与自然是生命共同体，无止境地向自然索取甚至破坏自然必然会遭到大自然的报复。我们坚持可持续发展，坚持节约优先、保护优先、自然恢复为主的方针，像保护眼睛一样保护自然和生态环境，坚定不移走生产发展、生活富裕、生态良好的文明发展道路，实现中华民族永续发展。

——中国式现代化是走和平发展道路的现代化。我国不走一些国家通过战争、殖民、掠夺等方式实现现代化的老路，那种损人利己、充满血腥罪恶的老路给广大发展中国家人民带来深重苦难。我们坚定站在历史正确的一边、站在人类文明进步的一边，高举和平、发展、合作、共赢旗帜，在坚定维护世界和平与发展中谋求自身发展，又以自身发展更好维护世界和平与发展。（习近平，《高举中国特色社会主义伟大旗帜 为全面建设社会主义现代化国家而团结奋斗——在中国共产党第二十次全国代表大会上的报告》）

（2）

促进区域协调发展。深入实施区域协调发展战略、区域重大战略、主体功能区战略、新型城镇化战略，优化重大生产力布局，构建优势互补、高质量发展的区域经济布局和国土空间体系。推动西部大开发形成新格局，推动东北全面振兴取得新突破，促进中部地区加快崛起，鼓励东部地区加快推进现代化。支持革命老区、民族地区加快发展，加强边疆地区建设，推进兴边富民、稳边固边。推进京津冀协同发展、长江经济带发展、长三角一体化发展，推动黄河流域生态保护和高质量发展。高标准、高质量建设雄安新区，推动成渝地区双城经济圈建设。健全主体功能区制度，优化国土空间发展格局。推进以人为核心的新型城镇化，加快农业转移人口市民化。以城市群、都市圈为依托构建大中小城市协调发展格局，推进以县城为重要载体的城镇化建设。坚持人民城市人民建、人民城市为人民，提高城市规划、建设、治理水平，加快转变超大特大城市发展方式，实施城市更新行动，加强城市基础设施建设，打造宜居、韧性、智慧城市。发展海洋经济，保护海洋生态环境，加快建设海洋强国。

推进高水平对外开放。依托我国超大规模市场优势，以国内大循环吸引全球资源要素，增强国内国际两个市场两种资源联动效应，提升贸易投资合作质量和水平。稳步扩大规则、规制、管理、标准等制度型开放。推动货物贸易优化升级，创新服务贸易发展机制，发展数字贸易，加快建设贸易强国。合理缩减外资准入负面清单，依法保护外商投资权益，营造市场化、法治化、国际化一流营商环境。推动共建"一带一路"高质量发展。优化区域开放布局，巩固东部沿海地区开放先导地位，提高中西部和东北地区开放水平。加快建设西部陆海新通道。加快建设海南自由贸易港，实施自由贸易试验区提升战略，扩大面向全球的高标准自由贸易区网络。有序推进人民币国际化。深度参与全球产业分工和合作，维护多元稳定的国际经济格局和经贸关系。（习近平，《高举中国特色社会主义伟大旗帜 为全面建设社会主义现代化国家而团结奋斗——在中国共产党第二十次全国代表大会上的报告》）

第五章　翻译过程：Trados Studio 2021 基本应用

　　Trados 一词取自 tra（nslation）、do（cumentation）和 s（oftware），是全球应用最为广泛的计算机辅助翻译软件之一，占据庞大的市场份额。2005 年，德国 Trados 公司由英国 SDL 公司收购，软件更名为 SDL Trados Studio，先后推出 Trados 2006、Trados 2007、Trados 2009、Trados 2011、Trados 2014 等多个版本的 CAT 工具。2020 年，SDL 公司与 RWS 公司合并，继续完善以 Trados Studio 为核心的 CAT 工具。本章将从 Trados Studio 2021 的基本信息、实际操作、软件评价三方面展开详述。

一　概述

（一）发展历程

　　1990 年，Trados 公司发布了首款将磁盘操作系统（DOS）储存于记忆的多语术语管理工具——MultiTerm。1994 年，Trados 公司宣布推出新窗口版本的 Translator's Workbench，即一款通过 Windows DDE 界面使用标准窗口文字处理的套装软件。同年 6 月又发布了 MultiTerm Professional 1.5。该软件具有模糊匹配功能，即使单词拼写有误，也能实现搜索。同时采用数据降维算法，加快检索速度，可拖放待译内容至文字处理器中。2001 年，Trados 公司宣布推出包含自由译者版和团队版的 Trados 5.0，旨在提供下一代多语言技术解决方案。随后历经三年准备，Trados 公司于 2004 年推出 TeamWorks。这是业界首个优化本地化流程的翻译管理解决方案，从此改变了本地化和翻译团队的工作方式。之后，其主要发展历程如下：

2005 年，英国 SDL 公司收购 Trados Studio，更名为 SDL Trados Studio。

2006 年，融合 SDL 与 Trados 的技术优势，发布 SDL Trados 2006。

2007 年，功能更加全面的 SDL Trados 2007 问世。

2009 年，SDL Trados Studio 2009 正式发布。由于软件界面改动较大，加之兼容性等问题影响，市场占有率不高。

2011 年，SDL Trados Studio 2011 兼容性大幅度提高并改进对齐功能，广受好评。

2014 年，面向市场发售的 SDL Trados Studio 2014 进一步改良了对齐功能和文件兼容性，同年推出 SDL Studio GroupShare 2014，最大限度地实现资源共享。

2017 年，包含 upLIFT Fragment Recall 与 upLIFT Fuzzy Repair 两大新功能的 SDL Trados Studio 2017 发布。upLIFT Fragment Recall 能够从翻译记忆库中智能匹配片段，或在"模糊匹配"和"无匹配"的情况下，从翻译记忆库中提供句段匹配。upLIFT Fuzzy Repair 则利用机器翻译、术语库、新旧翻译记忆库等翻译资源，执行模糊匹配修复，提供最佳匹配，为译员节省时间。

2020 年，英国公司 RWS 收购 SDL，Trados 系列产品悄然发生变化。在 Trados Studio 产品基础上，陆续推出 Trados Team、Trados Business Manager、Language Weaver 等产品，同时继续更新 MultiTerm 和 Passolo，最终打造以 Trados Studio 为核心的计算机辅助翻译工具。

（二）重要功能

1. 计算机辅助翻译（CAT）的三大核心技术分别是翻译记忆库、术语库（TB）和机器翻译，Trados Studio 首次将三者集于一体。使用这些技术可快速交付优质翻译，同时降低成本，保持竞争力。

2. Trados Studio 可编辑所有格式的文件，满足复杂的翻译工作需求。无论是 HTML 页面、多语言 Excel 文件、充满修订标记的 Word 文档，还是 Adobe InDesign IDML 格式的整本手册，译员都可以使用 Trados Studio 轻松处理。

3. 利用多种创新工具和功能，Trados Studio 帮助翻译团队更快完成工作：预测性输入可以提高译员的生产效率；拥有与 Microsoft Word 完全相同的"自动更正"功能，不遗漏任何细微错误；借助流畅审校搭配跟踪修订功能，方便整个团队清晰、快速捕捉修改的内容；神经机器翻译与 Language Weaver 共联，加快翻译流程；依靠"Tell Me"技术，即时访问各类功能和设置。

4. RWS AppStore 提供超过 250 个与 Trados Studio 和 MultiTerm 兼容的应用程序，译员可从 Trados Studio 中直接下载，有助于更好地处理翻译、审校和术语管理等流程，包括不常见的文件格式定义、项目包分析工具以及处理常见任务的便捷应用程序等等。

5. 基于云端的翻译项目管理解决方案——Trados Team 适用于任何规模的翻译团队，不仅可以简化流程、共享翻译资源，还能减轻人工译员的工作负担，提高访问翻译项目和生成报告的效率。

6. 基于桌面的 Trados Studio 应用程序功能与基于云端的翻译和项目管理功能，译员能够灵活地在桌面和云端这两种工作方式之间切换，随时随地翻译和审校项目，也可以根据不同的任务和工作方式调整项目工作流。

（三）支持的语言及格式

Trados Studio 2021 用户界面包含汉语、英语、法语、德语、西班牙语、意大利语、日语、韩语和俄语，同时支持翻译汉语、英语、法语、德语等 239 种语言和语言对，不仅可以将一种语言译为另一种语言，也可以将一种语言同时译为多种语言。

此外，Trados Studio 2021 支持的文件格式如下：

Adobe FrameMaker 8-2020 MIF

Adobe FrameMaker 8-2020 MIF V2

Adobe InCopy CS4-CC ICML

Adobe InDesign CS2-CS4 INX

Adobe InDesign CS4-CC IDML

Adobe Photoshop

Bilingual Excel Studio

Comma Delimited Text（CSV）

Email

HTML 5

Java Resources

JSON

Markdown

MemSource

Microsoft Excel 2007—2021

Microsoft Excel 97—2003

Microsoft PowerPoint 2007—2021

Microsoft PowerPoint 97—2003

Microsoft Visio

Microsoft Word 2007—2021

Microsoft Word 97—2003

OpenDocument Presentation（ODP）

OpenDocument Spreadsheet（ODS）

OpenDocument Text（ODT）

PDF

QuarkXPress Export

Rich Text Format（RTF）

SDL Edit

SDL XLIFF

SubRip

Tab Delimited Text

Txt

Trados Translator's Workbench

WsXliff

XHTML 1. 1

XHTML 1. 1（2）

XLIFF

XLIFF 2. 0

XLIFF：Kilgray memoQ

XML：Any XML

XML：Author-it Compliant

XML：MadCap Compliant

XML：Microsoft . NET Resources

XML：OASIS DITA 1. 3 Compliant

XML：OASIS DocBook 4. 5 Compliant

XML：W3C ITS Compliant

YAML

（四）视图介绍

Trados Studio 2021 适用于项目经理、译员、编辑人员、校对员及其他语言专业人士，其主界面如图 5 - 1 所示。

Trados Studio 2021 菜单栏包含软件的基本设置功能：

1. 文件菜单：均为标准 Windows 选项，用于新建（本地项目、Cloud 项目、翻译记忆库、服务器翻译记忆库、语言资源模块）、打开（文件包、项目、翻译记忆库、对齐、翻译单个文档等）、保存、关闭文件等功能。此外，文件菜单栏还包括服务器、项目板块、任务序列、手动任务、用户、客户、旧 DTP 格式、编辑器、AutoSuggest、文件类型、内嵌内容处理器、验证、语言对、默认任务序列、翻译质量评估、翻译记忆库视图等按钮。

2. 主页：可以进行项目设置、对齐文档、创建 AutoSuggest 词典、打开 Retrofit 文件、术语管理、软件本地化等等。

3. 视图：可打开项目和文件、进入编辑器、创建翻译记忆库，也

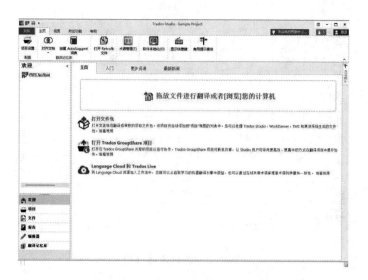

图 5 - 1　Trados Studio 2021 主界面

可查看翻译任务的分析报告。同时，还可以设置用户界面，如切换用户界面语言、调整配色、功能区自定义等等。

4. 附加功能：进入 RWS AppStore 以及激活或停用插件。

二　操作示例

本节将通过实例，演示完整的翻译项目流程，包括新建项目、预翻译、翻译编辑、导出以及审校。

（一）新建项目

1. 在 Trados Studio 2021 中有两种新建项目的方式。点选"项目"中的"主页"，在"主页"的菜单栏中选择"新建项目"（图 5 - 2）；或单击"文件"，在"文件"中选择新建合适的项目（图 5 - 3）。

2. 进入"创建新项目"视图（图 5 - 4）。在"一步"页面，左侧设置项目名称和项目的存储位置，右侧选择项目的源语言与目标语。源语言只能选择一种，而目标语可以选择一种或多种。之后点选"项目文件"下方的按钮，选择添加单个文件或文件夹（文件夹中可包含

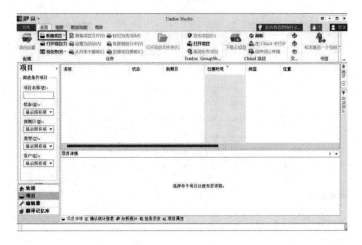

图 5 – 2　新建项目（1）

图 5 – 3　新建项目（2）

多个待译文件），也可以在此处创建新文件夹或移除文件夹。

3. 点选"下一步"，进入"常规"界面。此界面可添加"项目说明"，方便日后快速了解项目内容。在"原文"中，勾选"允许编辑原文""允许跨段落合并句段"，便于修正原文中的错误。若待译文本为亚洲语言，可参考 ⓘ 中的提示，选择是否勾选（图 5 – 5）。

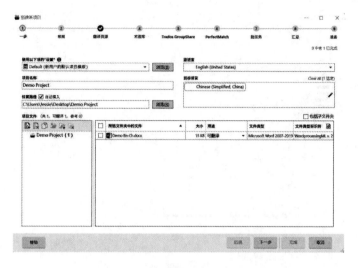

图 5 – 4　创建新项目"一步"

图 5 – 5　创建新项目"常规"

4. 点选"下一步"，进入"翻译资源"，创建或导入翻译记忆库
（图 5 – 6）。

5. 点选"创建"，进入"新建翻译记忆库"页面，译员设置翻译
记忆库（图 5 – 7）。

图 5 - 6　创建新项目"**翻译资源**"

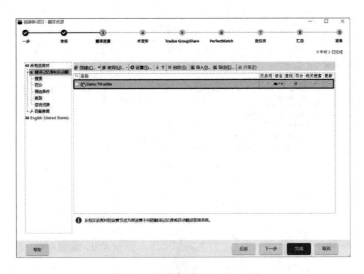

图 5 - 7　创建翻译记忆库

　　6. 点选"使用"，为项目添加已嵌入的机器翻译引擎。翻译时，可率先使用机器翻译对待译文档进行预翻译，提高翻译效率。本次操作嵌入小牛翻译的 Trados 插件，该插件支持自动处理标签、自动修改机器翻译结果以及自动调整"译前—译后"，实现多语言、多领域文件的批量翻译（图 5 – 8）。

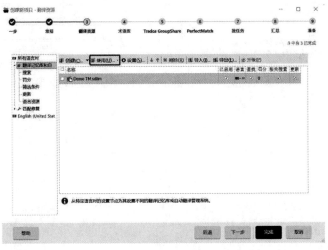

图 5 – 8　选用机器翻译引擎

7. 点选"导入"，为项目导入已有的外部翻译记忆库（图 5 – 9）。选择"添加文件"，可将 . tmx 格式的记忆库导入其中（图 5 – 10）。点选"下一步"，直至"完成"（图 5 – 11）。

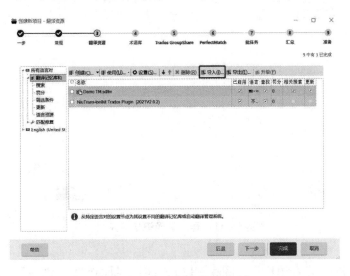

图 5 – 9　导入外部翻译记忆库

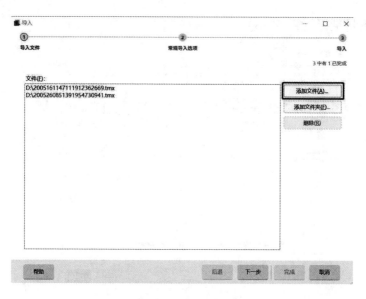

图 5 – 10　添加翻译记忆库文件

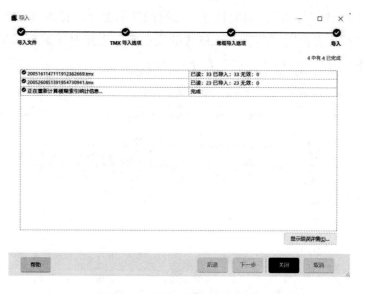

图 5 – 11　导入翻译记忆库完成

8. 进入"术语库"（图 5 – 12），在该界面点选"创建"，进入术语库向导，创建新术语库（图 5 – 13）。

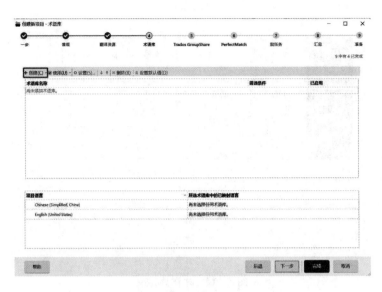

图 5 – 12　创建新项目"术语库"

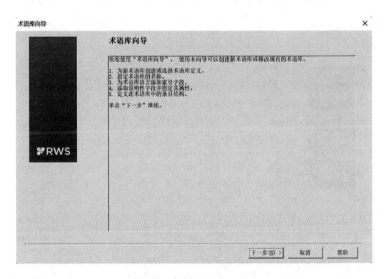

图 5 – 13　术语库向导

9. 进入"术语库定义"，译员可根据项目需要，选择"重新创建术语库定义""使用预定术语库模板""载入现有术语库定义文件"或"将现有术语库用作模板"（图 5 – 14）。

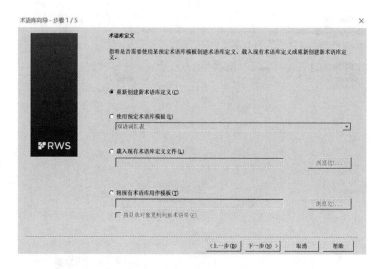

图 5-14　术语库定义

10. 为新术语库设置名称（如 Demo TB）、添加说明和版权信息（图 5-15）。

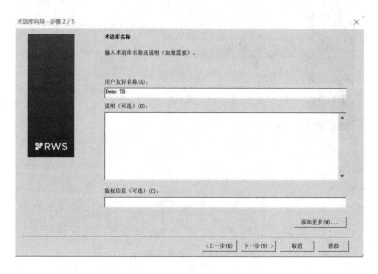

图 5-15　术语库名称

11. 进入"索引字段"设置页面（图 5-16）。译员在左侧语言栏中选择需要添加的语言，点选"添加"后，该语言便成为索引字段；

选中右侧"索引字段"中的某一语言，点选"删除"，便可将该语言从索引字段中删除。

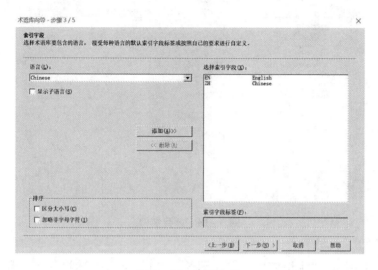

图5-16 索引字段

12. 进入"说明性字段"设置界面（图5-17），根据右侧"说明性字段"设置字段标签并设置"条目结构"（图5-18）。

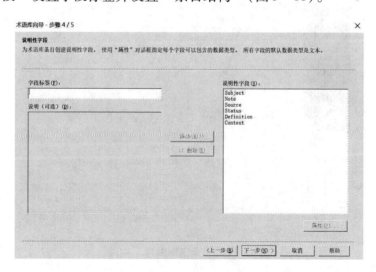

图5-17 说明性字段

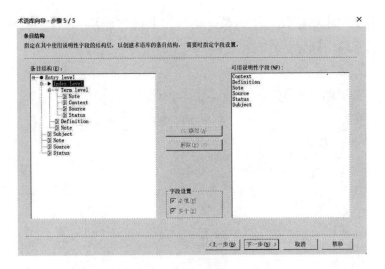

图 5 – 18　条目结构

13. 完成"术语库向导"（图 5 – 19）。进行上述操作后，用户在"创建新项目"界面可以看到已创建的术语库（图 5 – 20），并勾选"已启用"。

图 5 – 19　"术语库向导"完成

14. 除创建术语库外，译员也可以点选"使用"，导入已有术语

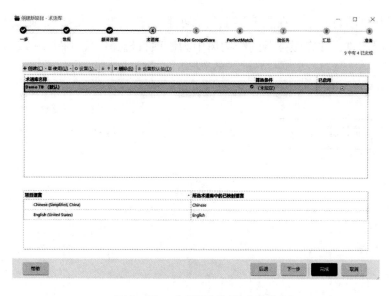

图 5-20 "术语库"创建完成

库。或选中某一术语库，点选"删除"，移除该术语库（图 5-21）。

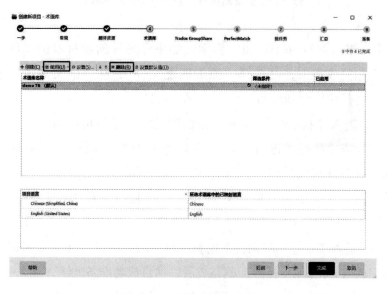

图 5-21 使用或删除术语库

15. 进入"Trados GroupShare"。译员可以选择是否与其他团队成员在线共享项目，是否在服务器上发布项目。若选择"发布"，则需指定服务器信息，并在服务器的结构树中为该项目选择位置（图5-22）。

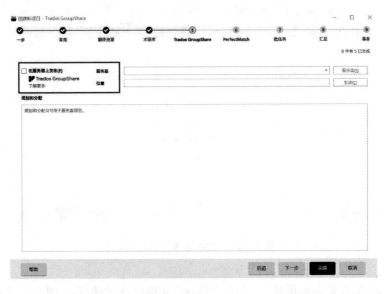

图5-22　创建新项目"Trados GroupShare"

16. 进入"PerfectMatch"界面。如果已翻译的项目双语文件与待译文件相同或类似，可选择"添加匹配文件"，从双语文件中提取翻译，并将其应用到新项目文件中（图5-23）。

17. 进入"批任务"界面。创建项目时，译员可以为新建项目的文件选择需要执行的准备步骤（批任务）及执行顺序（任务序列）。点选"任务序列"，译员可根据说明，选择目标任务，并在"语言对"区域，展开某个语言下的批处理树，选择其中一项进行具体化设置（如图5-24）。

18. 进入"汇总"界面，审校新项目中的各项设置（图5-25）。点选"完成"，待各项批任务加载完成后，项目成功准备就绪（图5-26）。

19. 待新建项目完成后，译员在项目视图界面可以找到项目创建的时间、存储位置等信息（图5-27）。

20. 点选右下角的"文件"视图，查看该项目中的待译文件，此

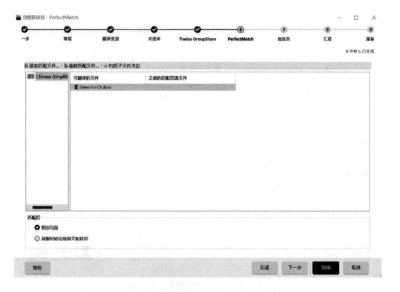

图 5-23　创建新项目"PerfectMatch"

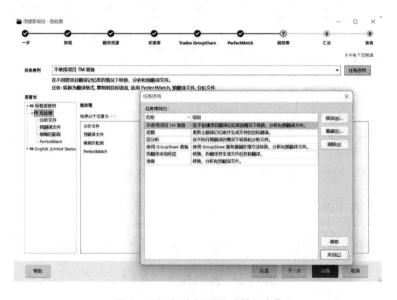

图 5-24　创建新项目"批任务"

界面为译员提供文件的基本信息，如字数、进度、大小、路径等（图5-28）。若需了解更多具体信息，可点选右下角"报告"进行查看

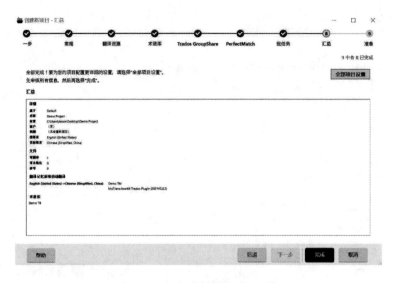

图 5 - 25 创建新项目"汇总"

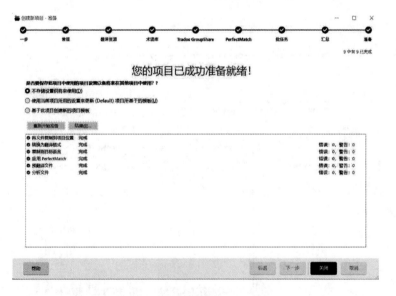

图 5 - 26 创建新项目"准备"

（图 5 - 29）。

（二）文件翻译及导出

1. 点选"文件"视图下的待译文件或点选主页中的"打开并翻

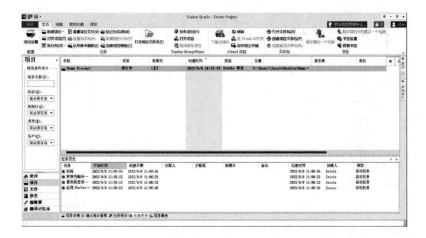

图 5 – 27　"项目"视图界面

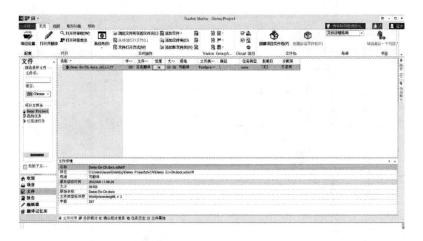

图 5 – 28　"文件"视图界面

译",进入"编辑器"。开始翻译前,点选"批任务"中的"文件分析",勾选"导出常见句段",并将出现次数设置为"2"。系统会优先翻译重复句段,并在翻译完成后导出至翻译记忆库中(图 5 – 30)。

2. 进入编辑器视图。此时句段状态为"未翻译"。界面右下角可以查看所有句段状态(图 5 – 31)。

3. 借助翻译记忆库和机器翻译引擎对文件进行预翻译。点选"批

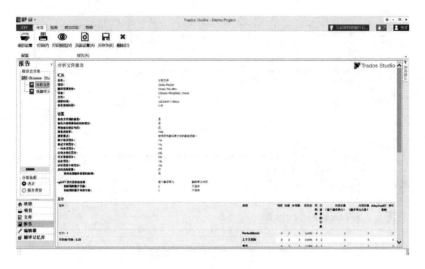

图 5 – 29　分析文件报告

图 5 – 30　勾选常见句段

任务"中的"预翻译文件",对预翻译进行相关设置(图 5 – 32)。将预翻译的最低匹配率设置为70%（Trados Studio 默认最低匹配率必须设置为70%及以上），即待译句段与翻译记忆库中的句段重合率达到70%及以上时,Trados Studio 会自动填充翻译记忆库中的翻译结果。若

图 5 – 31　编辑器界面

匹配句段检索无果，勾选"应用自动翻译"，即可使用机器翻译引擎。
点选"完成"及"关闭"，即可查看文件预翻译结果（图 5 – 33）。

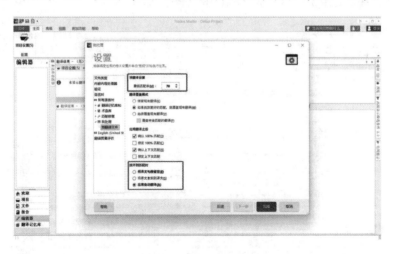

图 5 – 32　预翻译文件设置

4. 若需要更改译文，可在译文编辑栏中进行操作；若译文无需更
改或已修改完成，可将鼠标光标置于该句段，使用快捷键"Ctrl + En-
ter"或菜单栏中的"确认"，对该句段进行确认。此时句段状态栏中

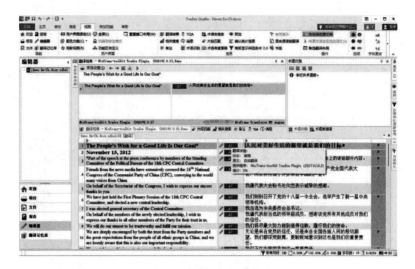

图 5 - 33　文件预翻译结果

的图标会自动变为"已翻译"。同时，已确认句段会自动存储至之前
创建的翻译记忆库"Demo TM"中（图 5 - 34）。

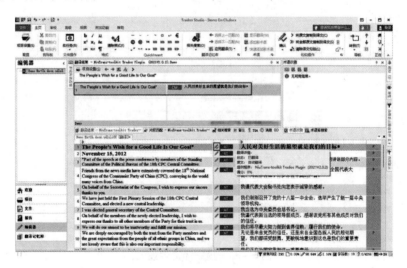

图 5 - 34　确认句段

5. 无论是基于翻译记忆库还是借助自动翻译生成的译文，Trados
Studio 都会自动匹配原文格式。若译文为译员手动输入，可能与原文

在格式上存在差异。这时可选择菜单栏中的"格式"选项，为译文设置与原文匹配的格式（与 Word 文档操作一致）。或者选中需要更改格式的译文，将鼠标光标放在原文相应位置，按住 Ctrl 键并单击鼠标左键，复制原文格式（图 5 – 35）。

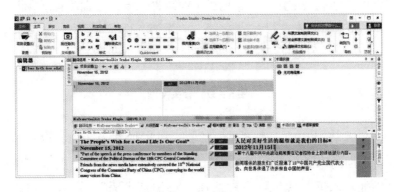

图 5 – 35　更改译文格式

6. 在预翻译过程中，Trados Studio 会自动将原文中的特殊标签复制到译文相应位置（图 5 – 36）。

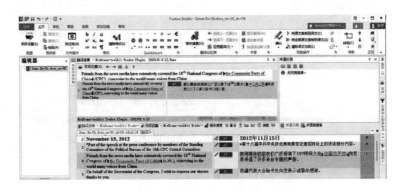

图 5 – 36　特殊标签

7. 若需了解某个特定的词或短语在翻译记忆库中的相关译文，可以在原文栏选中需要搜索的词语（如 Central Committee），点选菜单栏中的"相关搜索"，Trados Studio 可以自动调出翻译记忆库中包含该词的所有句段（图 5 – 37）。

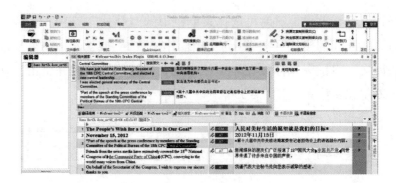

图 5 - 37　相关搜索

8. 在翻译过程中，若需要将某些术语添加至术语库，可选中原文中需要添加的术语（如 the Communist Party of China），点选菜单栏中的"添加新术语"或鼠标右键选择"添加新术语"，进入左侧的"术语库查看器"，输入相应的术语译文，点选保存即可（图 5 - 38）。

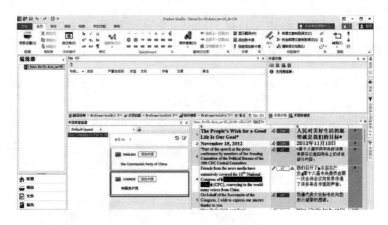

图 5 - 38　添加新术语

9. 除上述方法外，译员也可以同时选中原文中的术语及对应译文，点选菜单栏中的"快速添加新术语"，将该条目更新到术语库中（如图 5 - 39）。

10. 新添加的术语显示在右上角的"术语识别"区域，同时原文术语上方会出现红色上划线，标识术语库中存在该术语。若此时译文

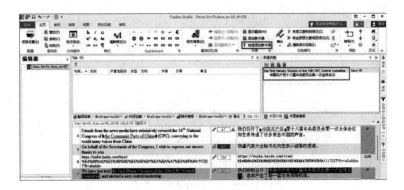

图 5 – 39　快速添加新术语

栏未翻译该术语，译员可以单击需要插入术语的位置，再将鼠标光标
置于"术语识别"区域中该术语的译文，右击选择"插入术语翻译"，
将术语库中该术语的翻译结果插入到译文栏中（图 5 – 40）。

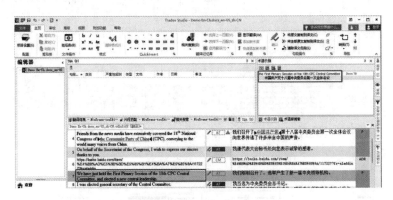

图 5 – 40　术语提示及插入

11. 虽然 Trados Studio 能够自动分割句段，但翻译过程中若要合并
某两个或多个句段。可先点选句段 1，再按住 Shift 键点选句段 2，待
两句段高亮显示后，点选菜单栏中的"合并句段"或鼠标右击选择
"合并句段"，对其进行整合（图 5 – 41）。

12. 如果需要拆分某个句段，可单击需要切割的位置，再点选菜
单栏中的"分割句段"，或使用鼠标右击选择"分割句段"。此时，左
侧序号栏会标识"12a"和"12b"，代表这两个句段由句段 12 分割而

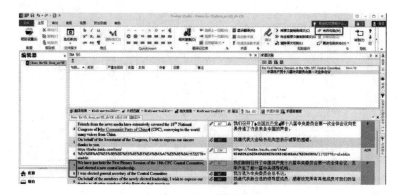

图 5-41 合并句段

成（图 5-42）。

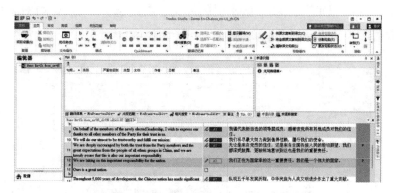

图 5-42 分割句段

13. 若要筛选未翻译的句段，点选"审阅"视图下的"未翻译"，Trados Studio 会自动筛选出所有未译句段（图 5-43）。

14. 完成翻译工作、提交审校之前，译员可点选"审校"视图下"质量保证"中的"验证"，对译文进行全文检查。检查结果显示在菜单栏下方，译员可根据消息提示对译文进行调整与修改（图 5-44）。

15. 导出译文前，译员可预览已译文档。点选右侧"预览"按钮，选择查看方式（图 5-45）。

16. 若选择"HTML"预览译文，可单击"此处生成初始预览"，

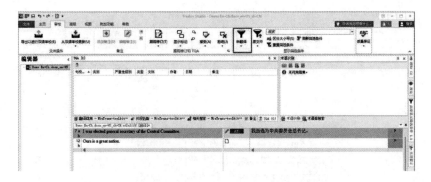

图 5-43 筛选未译句段

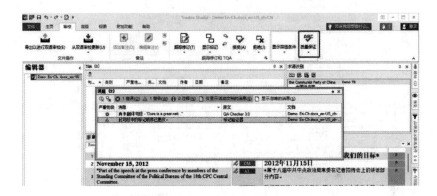

图 5-44 验证文档

默认在 Trados Studio 内部呈现预览结果（图 5-46）。或选择"并排"查看双语文件，方便用户参照原文校改格式与内容（图 5-47）。

（三）审校

一般情况下，Trados Studio 分为内部审校和外部审校两种类型。

1. 内部审校

与 Microsoft Word 一样，Trados Studio 也有修订功能。审校过程中若使用 Trados Studio，审校员可在该软件中打开待审校文档，在"审阅"选项卡中点选"跟踪修订"，修改译文时可保留修订痕迹，便于查验（如图 5-48）。而对于修订的部分，译员可以选择"接受"或"拒绝"。

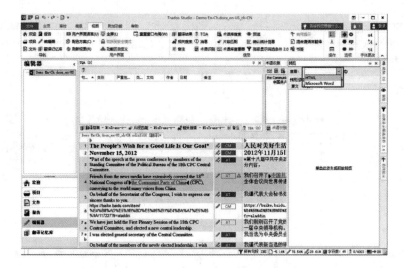

图 5 – 45　预览窗格

图 5 – 46　"HTML"预览译文

2. 外部修订

（1）若审校员未安装 Trados Studio，译员则需使用 Trados 转换格式后，再交付审校员：点选"审校"选项卡中的"导出以进行双语审校"，进入"批任务"界面后，点选"下一步"（图 5 – 49）。

（2）进入"设置"界面，取消"覆盖现有双语审校文档"，点选

图 5 – 47 "HTML"并排预览文件

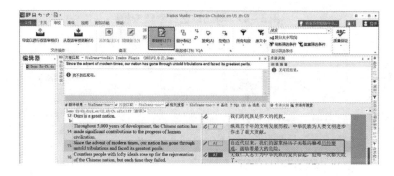

图 5 – 48 跟踪修订

"完成"（如图 5 – 50）。

（3）Trados 会在计算机相应位置生成"zh-CH"文件夹，包含待审校的 Word 文档。其审校的文档以表格的形式呈现，内容包含句段数量、句段状态（已翻译或草稿）、原文句段以及译文句段（图 5 – 51）。

（4）审校完成后，保留文档原有名称，通过"另存为"进行保存。在 Trados Studio 中打开未经审校的原始文档，点选"审校"选项卡中的"从双语审校更新"，进入"批任务"界面，点选"下一步"，进入"双语审校文档更新"，再点选"添加"中的"特定文档审校"，

图 5－49　导出以进行双语审校

图 5－50　外部审校设置

导入外部审校的文档，此时已更新句段的状态变为"已翻译"（如图 5－52）。

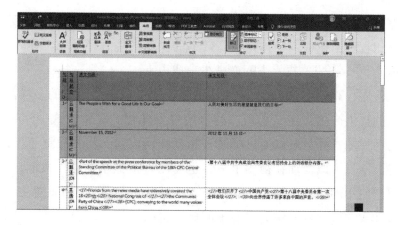

图 5 - 51　外部审校

图 5 - 52　双语审校文档更新

三　软件评价

作为一款享誉业界的翻译软件，Trados Studio 凭借其强大的优势赢得 270000 余名译员和 80% 本地化社区的信任，成为翻译行业的标准工具之一。该软件将翻译编辑器、翻译记忆库、翻译术语库、项目管理等一系列工具集中、整合于同一平台，为翻译项目及术语的编辑、审校和管理工作提供一体化、高效率的操作环境，译员的工作效率至少提高30%，成本投入方面亦减少三成以上。

首先，Trados Studio 的个性化定制功能可以满足用户的多样需求。该软件提供许多自定义选项，迎合用户多样化的工作方式。Studio 提供七种视图，译员可以通过标题栏拖动任何窗口，将其放置于不同的位置，不仅可以浮动在视图上方，也可以直接拖至计算机桌面，或拖至用户使用的另一个屏幕。其布局亦可根据个人需要自行重置。

其次，该软件操作流程清晰明确，可引导译员轻松操作。译员还可根据项目需求，自定义调整 Studio 的设置，将所有相关设置保存为项目模板。日后处理相同类型的项目（或类似项目）时，直接应用模板即可。若项目的需求具有相似性，但不完全相同，也可以应用模板，并根据需要微调，再将其另存为新模板。

其三，该软件可以创建相应的用户配置文件，每个配置文件都包含使用该文件时保存的所有设置。用户可以随时在不同配置文件之间切换。如果需要转用其他计算机继续操作，或迁移到 Studio 的新版本，或与其他用户共享设置时，用户可以自行导出任何用户配置文件。

其四，Trados Studio 支持 Unicode 13。作为一种通用字符编码标准，Unicode 是世界上所有语言的统一代码。Trados Studio 支持最新标准 Unicode 13 的大多数字符和符号，包括如今社交平台上使用较为普遍的 3500 个表情符号。在 Studio 中，表情符号将通过占位符标记进行处理，与格式和脚注的处理方法相似。这种设计大幅提高了供应链的兼容性。

其五，通过利用 Trados Live Team，可加快翻译项目的管理和交付速度，为翻译团队提供规模化的质量保障。项目经理借助自动化和内置通知，使用更少的步骤创建、发布和管理翻译项目，大幅精简与项目管理相关的行政任务，确保项目运转的流畅性。同时，通过可自定义的项目仪表板实时了解项目进度，轻松获取工作量数据，并密切监控截止日期，以规划相关翻译工作。项目团队还可充分利用集中式语言资源。通过将项目文件和资源集中储存在云端，成员之间能够同时访问、援引最新的内容，确保译文的一致性。

其六，作为一种用途多样、功能强大的翻译环境，Trados Live Team 为用户提供一系列项目管理和翻译选项。用户可以跨桌面、Web 和移动设备安全地创建、翻译、管理和审校文件，无论身在何处，都可以实时掌控翻译工作的进展。

Trados Live Team 与 Trados Studio 2021 集成性较好，用户可以选择云端在线工作，或使用桌面工具离线工作，两种环境切换自如，无缝衔接。随着需求的扩大，Trados Live Team 可以连接到其他 Trados 解决方案来构建 Trados 生态系统，例如 Trados Studio、Trados Business Manager 或 Passolo。Trados Live Team API 和连接器还可用于将系统连接到现有业务的应用程序，在降低成本的同时提高工作效率。

除了上述优势外，Trados Studio 亦有局限性。例如，Trados Studio 应用程序仅适用于 Windows 系统的计算机，其他系统的电脑只能使用在线版。另外，该系统仅 1 个月免费试用期，在一定程度上限制了用户群体的进一步扩大。同时，Trados Studio 界面较为复杂，操作步骤繁琐，无相关使用经验的译员需要耗费大量的时间成本，方可运用自如。

练习题

练习1 运用 Trados Studio 2021 完成以下英译汉练习

（1）

We will leverage the strengths of China's enormous market, attract global resources and production factors with our strong domestic economy, and amplify the interplay between domestic and international markets and resources. This will position us to improve the level and quality of trade and investment cooperation.

We will steadily expand institutional opening up with regard to rules, regulations, management, and standards. We will upgrade trade in goods, develop new mechanisms for trade in services, and promote digital trade, in order to accelerate China's transformation into a trader of quality.

We will make appropriate reductions to the negative list for foreign investment, protect the rights and interests of foreign investors in accordance with the law, and foster a world-class business environment that is market-oriented, law-based, and internationalized. We will promote the high-quality development of the Belt and Road Initiative.

We will better plan regional opening up, consolidate the leading position of eastern coastal areas in opening up, and more widely open the central, western, and northeastern regions. We will accelerate the construction of the New International Land-Sea Trade Corridor in the western region. We will work faster to develop the Hainan Free Trade Port, upgrade pilot free trade zones, and expand the globally-oriented network of high-standard free trade areas.

We will promote the internationalization of the RMB in an orderly way, deeply involve ourselves in the global industrial division of labor and cooperation, and endeavor to preserve the diversity and stability of the international economic landscape and economic and trade relations. (Xi Jinping, *Hold High the Great Banner of Socialism with Chinese Characteristics and Strive in Unity to Build a Modern Socialist Country in All Respects : Report to the 20th National Congress of the Communist Party of China*)

(2)

Education, science and technology, and human resources are the foundational and strategic pillars for building a modern socialist country in all respects. We must regard science and technology as our primary productive force, talent as our primary resource, and innovation as our primary driver of growth. We will fully implement the strategy for invigorating China through science and education, the workforce development strategy, and the innovation-driven development strategy. We will open up new areas and new arenas in development and steadily foster new growth drivers and new strengths.

We will continue to give high priority to the development of education, build China's self-reliance and strength in science and technology, and rely on talent to pioneer and to propel development. We will speed up work to build a strong educational system, greater scientific and technological strength, and a quality workforce. We will continue efforts to cultivate talent for the Party and the country and comprehensively improve our ability to nurture talent at home. All this will see us producing first-class innovators and attracting the brightest minds from all over. （Xi Jinping, *Hold High the Great Banner of Socialism with Chinese Characteristics and Strive in Unity to Build a Modern Socialist Country in All Respects：Report to the 20th National Congress of the Communist Party of China*）

练习2 运用 Trados Studio 2021 完成以下汉译英练习

（1）

中国式现代化的本质要求是：坚持中国共产党领导，坚持中国特色社会主义，实现高质量发展，发展全过程人民民主，丰富人民精神世界，实现全体人民共同富裕，促进人与自然和谐共生，推动构建人类命运共同体，创造人类文明新形态。

全面建成社会主义现代化强国，总的战略安排是分两步走：从二〇二〇年到二〇三五年基本实现社会主义现代化；从二〇三五年到本世纪中叶把我国建成富强民主文明和谐美丽的社会主义现代化强国。

到二〇三五年，我国发展的总体目标是：经济实力、科技实力、综合国力大幅跃升，人均国内生产总值迈上新的大台阶，达到中等发达国家水平；实现高水平科技自立自强，进入创新型国家前列；建成现代化经济体系，形成新发展格局，基本实现新型工业化、信息化、城镇化、农业现代化；基本实现国家治理体系和治理能力现代化，全过程人民民主制度更加健全，基本建成法治国家、法治政府、法治社会；建成教育强国、科技强国、人才强国、文化强国、体育强国、健康中国，国家文化软实力显著增强；人民生活更加幸福美好，居民人均可支配收入再上新台阶，中等收入群体比重明显提高，基本公共服务实现均等化，农村基本具备现代生活条件，社会保持长期稳定，人的全面发展、全体人民共同富裕取得更为明显的实质性进展；广泛形成绿色生产生活方式，碳排放达峰后稳中有降，生态环境根本好转，美丽中国目标基本实现；国家安全体系和能力全面加强，基本实现国防和军队现代化。

在基本实现现代化的基础上，我们要继续奋斗，到本世纪中叶，把我国建设成为综合国力和国际影响力领先的社会主义现代化强国。（习近平，《高举中国特色社会主义伟大旗帜 为全面建设社会主义现代化国家而团结奋斗——在中国共产党第二十次全国代表大会上的报告》）

（2）

构建高水平社会主义市场经济体制。坚持和完善社会主义基本经济制度，毫不动摇巩固和发展公有制经济，毫不动摇鼓励、支持、引导非公有制经济发展，充分发挥市场在资源配置中的决定性作用，更好发挥政府作用。深化国资国企改革，加快国有经济布局优化和结构调整，推动国有资本和国有企业做强做优做大，提升企业核心竞争力。优化民营企业发展环境，依法保护民营企业产权和企业家权益，促进民营经济发展壮大。完善中国特色现代企业制度，弘扬企业家精神，加快建设世界一流企业。支持中小微企业发展。深化简政放权、放管结合、优化服务改革。构建全国统一大市场，深化要素市场化改革，建设高标准市场体系。完善产权保护、市场准入、公平竞争、社会信用等市场经济基础制度，优化营商环境。健全宏观经济治理体系，发挥国家发展规划的战略导向作用，加强财政政策和货币政策协调配合，着力扩大内需，增强消费对经济发展的基础性作用和投资对优化供给结构的关键作用。健全现代预算制度，优化税制结构，完善财政转移支付体系。深化金融体制改革，建设现代中央银行制度，加强和完善现代金融监管，强化金融稳定保障体系，依法将各类金融活动全部纳入监管，守住不发生系统性风险底线。健全资本市场功能，提高直接融资比重。加强反垄断和反不正当竞争，破除地方保护和行政性垄断，依法规范和引导资本健康发展。

建设现代化产业体系。坚持把发展经济的着力点放在实体经济上，推进新型工业化，加快建设制造强国、质量强国、航天强国、交通强国、网络强国、数字中国。实施产业基础再造工程和重大技术装备攻关工程，支持专精特新企业发展，推动制造业高端化、智能化、绿色化发展。巩固优势产业领先地位，在关系安全发展的领域加快补齐短板，提升战略性资源供应保障能力。推动战略性新兴产业融合集群发展，构建新一代信息技术、人工智能、生物技术、新能源、新材料、高端装备、绿色环保等一批新的增长引擎。构建优质高效的服务业新体系，推动现代服务业同先进制造业、现代农业深度融合。加快发展物联网，建设高效顺畅的流通体系，降低物流成本。加快发展数字经济，促进数字经济和实体经济深度融合，打造具有国际竞争力的数字产业集群。优化基础设施布局、结构、功能和系统集成，构建现代化基础设施体系。（习近平，《高举中国特色社会主义伟大旗帜 为全面建设社会主义现代化国家而团结奋斗——在中国共产党第二十次全国代表大会上的报告》）

第六章　翻译过程：云译客基本应用

云译客是传神语联网网络科技股份有限公司（Transn 传神）旗下一款专为译员和翻译团体打造的全面型翻译软件，集在线辅助翻译、机器翻译、自定义引擎和区块链为一体，融合语义识别与匹配、智能文档拆分、大数据存储等先进技术，有效提升翻译产能输出效率。本章将从云译客的基本概况、实际操作和软件评价三方面展开探讨。

一　概述

（一）发展历程

云译客的前身——火云译客，是一款免费智能翻译软件，涵盖个人翻译、译客组协作、术语管理、语料管理四大功能。该软件性能稳定，操作便捷，可实现对各类复杂文档的全程在线快速处理，但在很多方面仍有提升空间。

2018 年，在首届传神者大会上，传神语联网网络科技股份有限公司总裁何恩培提出孪生译员"Twinslator"这一全新理念，即人工智能（Artificial Intelligence，AI）与译员共成长，在发挥自身优势的同时，逐渐具备与译员相同的文化背景及意识形态，从而实现更深层次的文化跨越，进一步完善机器翻译的质量。

在此背景下，作为"人机共译"新模式的实践产品，云译客全新网页版于 2019 年 8 月正式发布，新增主打功能"TwinslatorLab"。在翻译实践过程中，Twinslator 引擎能够自动学习语料、术语、修订记录、翻译特征等相关知识，辅以持续优化的算法模型，不断完善操作流程和用户体验，打造个性化机器翻译引擎，从收益、能力、效率、质量多维度释放译员价值。

2019 年 11 月，何恩培在新中国翻译事业 70 年论坛暨 2019 中国翻译协会年会指出，"第三产能"是未来服务型社会的主要产能之一。人工译员将与自己训练的机器翻译引擎协同工作。作为人机共译的表现形式，孪生译员 Twinslator 不仅是对"机器翻译 + 译后编辑"的升级，更是一种"进化"。它可以通过建立个性化模型，跟随译员动态学习，真正实现"人赋慧于机器，机器赋能于人"。此外，AI 技术的应用使译员的翻译经验及译文风格趋于数字化，区块链技术又令其数字化分身被确权成为资产，有助于形成良性生态。[1]

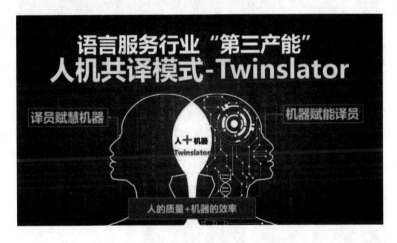

图 6 - 1　人机共译模式—Twinslator

2019 年 12 月，以"孪生觉醒"为主题的第二届传神者大会在中国武汉光谷举行，会议关键词"觉醒"明确了人类和 AI 只有融合共生，才能真正推动各民族文化的交流与传播。[2] 此后，云译客不断改

---

①　引自 https：//ishare. ifeng. com/c/s/7rZW8S3M0D4。

②　引自 https：//baijiahao. baidu. com/s？id = 1652961494350326456&wfr = spider&for = pc。

进、更新，并于 2022 年 5 月发布了全新的客户端。2023 年，云译客继续对孪生译员版块升级，并推出 AI 工具包"TransGPT"，可基于 AI 实时学习技术，给出更个性化、更准确的机器译文。

（二）功能与视图

云译客客户端包含 Windows 版本和 Mac 版本，还原了网页版的全部功能与界面，并在此基础上加以优化，使得操作更加稳定流畅（图 6 - 2）。

图 6 - 2　云译客客户端界面

首先进入工作台，主界面如下图所示（图 6 - 3）。云译客左侧导航栏包含云译客、文档翻译和工具包三大模块。

图 6 - 3　云译客主界面

首先，云译客工作台分为"个人版""团队版"。同一个账号可体验两种版本。"个人版"的功能包括"个人翻译""语言资产""AI工具包""意见反馈"；"团队版"拥有"工作台""团队管理""项目管理""招募译员""辅助翻译"等8项功能（图6-4、6-5）。

图6-4　个人版操作界面

图6-5　团队版操作界面

其次，云译客配有功能强大的语联网实验室（iOL LAB），包含多种翻译工具，比如：

1. 术语语料库工具（图6–6）

图6–6　术语语料管理系统

2. 语料对齐工具（图6–7）

图6–7　语料对齐工具

3. 字数换算工具（图6-8）

图6-8 字数换算工具

4. 字数统计工具（图6-9）

图6-9 字数统计工具

5. 文件合并与拆分工具（图6-10）

6. 双语术语挖掘工具（图6-11）

7. 译前术语提取工具（图6-12）

如图6-12所示，本节以朱民的《中国经济：崛起在世界的地平线》（2018）部分文本为例，使用译前术语提取工具提取术语。除自动提取原文术语功能外，该工具还能够对术语的原文长度及出现频率进行统计，并根据普通术语、专业术语和人名等划分标准将术语分

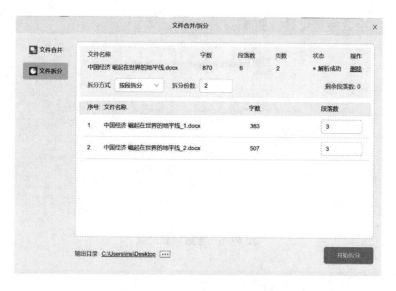

图6-10 文件合并与拆分工具

图6-11 双语术语挖掘工具

类汇总。同时，该工具还可以为部分术语提供多种翻译结果，供译者选择。

8. TransGPT工具（图6-13）

如图6-13所示，它支持AI译文润色、提取术语、翻译，还有翻译质检功能。译员在交由TransGPT质检前，可选择是否让平台在检出的错误处附上说明。

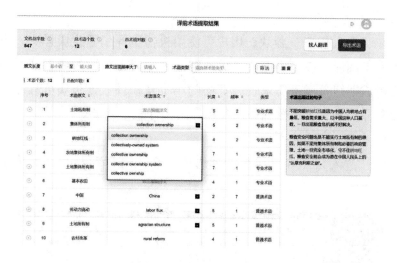

图 6-12　译前术语提取工具

图 6-13　TransGPT 工具

二　操作示例

本节将通过介绍"个人任务""项目翻译""项目任务""招募译员"等板块和 CAT 实操步骤,具体阐释云译客人机共译翻译模式。

（一）个人任务

在"个人任务"板块，用户可使用机器翻译引擎生成译文，也可采用人工翻译。该板块支持"机器翻译＋译后编辑"翻译模式，适用于交付周期短且质量要求较为宽松的小批量稿件。该板块可具体分为机器翻译任务、无机器翻译任务和导出稿件三个环节。

1. 机器翻译任务

（1）进入云译客工作台，可选择"个人翻译"板块，上传稿件（图6－14）。

图6－14　上传稿件

（2）在下图所示界面，翻译模式可选择语句或语段进行处理。点选"下一步"进入术语语料选择页面（图6－15）。

（3）选择语料库，点选下一步后，工作台会提供推荐的翻译引擎，译者也可忽略推荐，在"我收藏的""垂直引擎""通用引擎""参与共建"四栏中自行选择（图6－16）。

2. 导出稿件

导出稿件时，可选择所需的格式：纯译文、段段对照或并列对照，点选"下一步"即可导出并下载稿件（图6－17）。

（二）项目翻译

"项目翻译"板块即团队翻译操作平台，经理创建项目后，可选

图 6 – 15　选择机器翻译

图 6 – 16　选择翻译引擎

择自定义项目流程、上传稿件、任务开放/指派/取消/导出管理、机器翻译、语料填充、邀请成员、成员权限管理、术语语料管理（含项目语料编辑替换等）、项目进度、邀请代付、项目动态、项目统计、项目结算等功能。与此同时，2023 年更新后的云译客已接入"GPT 机翻、质检、润色"工具，极大提升了译员、审校和项目经理的工作效率。本节主要讲解创建项目的具体流程、成员管理，以及项目管理。

图 6 – 17　导出译文

1. 创建项目

经理可以在创建项目界面确定名称、语种、项目流程、所属团队及行业等内容。

（1）创建项目

a. 点选导航"云译客"下的"项目管理"，之后选择"创建项目"（图 6 – 18）。

图 6 – 18　创建项目

b. 填写项目信息，包括项目名称、语种方向、所属行业、项目流程、项目类型（私有项目、团队项目、教学项目）、是否重复句和100%匹配锁定、字数统计、截止时间、翻译要求等，同时支持上传

Word、Excel、PPT、PDF 等格式附件（图6-19）。

图6-19 项目信息填写

其中，项目流程包括以下五种类型：预翻（机翻/语料）+翻译、预翻（机翻/语料）+翻译+审校、预翻（机翻/语料）+翻译+二次审校、预翻（机翻/语料）+翻译+三次审校、翻译+审校。

项目经理也可以选择是否开启"孪生译员"功能。

c. 添加参考术语库和语料库后，项目创建成功。值得注意的是，在翻译过程中，系统会对已录入参考库的相关术语进行提示，并基于库中的相似内容优化机器翻译结果。

（2）稿件上传处理

待项目创建成功后，点选快捷引导栏中的"上传文件"，设置翻译模式（图6-20）。

（3）开放领取

"开放领取"指项目管理人员将任务开放后，译员可自主领取任务。每位译员仅支持领取最多两项任务，待完成一项后方可继续领取任务。

a. 在"项目管理"页面可选择开放领取，支持批量操作（图6-21）。

b. 领取后，选择需要调用的引擎，随即进入稿件的机器翻译环

图 6 – 20　设置翻译模式

图 6 – 21　开放领取

节。经理也可以选择批量或者单独指派翻译任务。

（4）取消任务

a. 批量取消任务：批量选择文件后，点选"取消任务"，可选择需要取消的任务流程和任务类型（图 6 – 22）。

b. 单个任务取消：选择单个任务类型，点选"取消任务""确定"即可（图 6 – 23）。

图 6 – 22　批量取消任务

图 6 – 23　单个取消任务

（5）导出译稿

与"个人任务"板块的"导出译稿"操作步骤相同（图 6 – 24、图 6 – 25）。

（6）管理员编辑译文

管理员可点选"查看"，进入原文编辑界面编辑原文内容（图 6 – 26）。

2. 成员管理

项目管理人员或项目经理可以在人员管理列表中修改昵称、配置权限、设置管理员、招募译员。

图 6 – 24　导出译稿

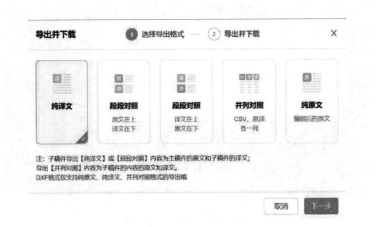

图 6 – 25　选择导出格式

图 6 – 26　管理员编辑译文

（1）邀请进组

在"项目管理"页面选择"项目成员"，通过键入链接、用户名或邮箱三种方式邀请成员（图6－27）。

图6－27　邀请成员

（2）权限管理

译员进组后，创建者拥有所有权限，包括设置管理员、配置（审校、预览全部稿件）权限、修改译员备注、移除译员等等。云译客默认所有进组译员均拥有翻译权限，而审校、原文编辑与预览全部稿件权限则需要管理员或创建者为译员手动操作（图6－28）。

图6－28　权限管理

3. 项目管理

"项目管理"的主要功能包括设置项目的基本信息、任务指派、重复率分析等一系列综合性功能（图6－29）。此页面可查找、置顶、删除某个项目，也可以点选"查看"，进入"项目详情"页面（图6－30）。

（三）项目任务

"项目任务"板块常用于译员领取任务、管理任务、登入WebCAT进行在线翻译作业。此外，译员还可查看项目的其他稿件、术语语料、

图 6 – 29　项目管理界面

图 6 – 30　项目详情页面

个人翻译工作量等等。

1. 项目任务查看/领取

左侧导航栏选择"项目管理",点选需要查看的项目,进入项目详情(图 6 – 31)。此处显示译员收到的任务,点选具体任务栏最右侧,可选择"放弃任务"(图 6 – 32)。

2. 术语语料

该板块与项目管理的"术语语料"相似,译员只能对自己添加的术语进行编辑、修改,其他术语仅有查看权限(图 6 – 33)。

3. 项目统计

"项目统计"可查看译文重复率以及译员的工作量,便于项目经理核算金额。(图 6 – 34)。

(四)招募译员

项目中缺少译员时,可通过"招募译员"板块发布招募信息,关

图 6 - 31　任务中心

图 6 - 32　放弃任务

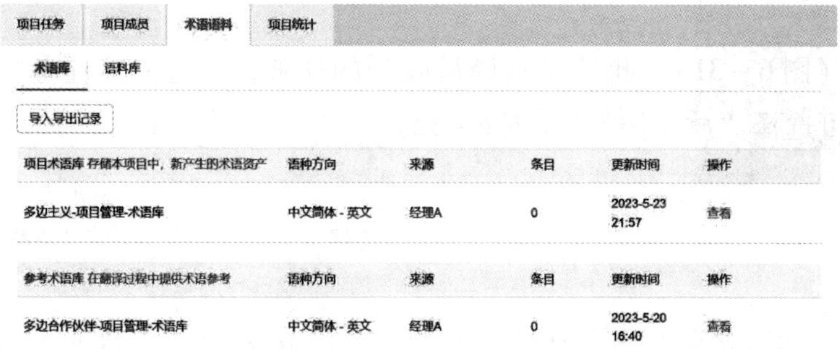

项目任务	项目成员	术语语料	项目统计

术语库　语料库

导入导出记录

项目术语库 存储本项目中,新产生的术语资产	语种方向	来源	条目	更新时间	操作
多边主义-项目管理-术语库	中文简体 - 英文	经理A	0	2023-5-23 21:57	查看

参考术语库 在翻译过程中提供术语参考	语种方向	来源	条目	更新时间	操作
多边合作伙伴-项目管理-术语库	中文简体 - 英文	经理A	0	2023-5-20 16:40	查看

图 6 - 33　查看术语语料

联对应的项目组,将招募要求同步至"言值录"的"职位任务—推荐职位"中。译员可随时通过该渠道联系发布者。(注:言值录(ht-

图 6 – 34   项目统计

tps：//www. wordpower. top/home）是传神语联网网络科技股份有限公司旗下一个利用区域链技术建立的语言服务行业诚信网站，通过不可篡改、永久保存、公开透明的方式记录译员的行为数据，为译员打造全息数字身份，建立、推广个人品牌，还能够帮助企业甄选译员，减少双方磨合成本，缔造具有公信力的译员信用体系。）

1. 发起招募（图 6 – 35）。

图 6 – 35   招募译员

2. 填写招募信息：职位、关联项目、语种方向、行业领域、需求人数、招募要求、截止时间、联系方式。同时，管理人员可以通过试译在线测试译员的翻译水平，并实时查看招募情况（图 6 – 36、图 6 – 37）。

待完成上述步骤后，点选"生成招募项目"，可招募译员。

图 6-36　招募设置

图 6-37　上传试译稿件

（五）CAT 操作

本节主要演示云译客计算机辅助翻译的具体操作。首先，在"项目任务"选择"领取任务"，进入对应的 WebCAT 编辑界面（图6-38）。

1. 顶部操作栏

（1）译后预览：支持原文、译文、原文和译文对照三种预览模式（图6-39）。

（2）导出译稿：支持纯译文、段段对照、并列对照三种形式。

（3）提交任务：对稿件的所有句段进行确认，无 QA 检测错误后，可提交任务（图6-40）。

图 6 – 38　进入在线翻译

图 6 – 39　译后预览

图 6 – 40　提交任务

2. 表格操作栏

（1）确认译文：若在翻译任务开始之前，已使用机器翻译引擎翻译稿件，译员只需快速调整译文，随后点选左上角"确认译文"，即可完成确认操作（图6–41）。同时，最新版云译客推出了"孪生译员"功能，可以搜索语料、网络查词，并对译文进行"轻、中、重"度改写。

（2）获取机器翻译：选中需要机器翻译的单句，点选"获取机翻"，平台将展示机器翻译内容（图6–42）。

图 6 – 41　确认译文

图 6 – 42　获取机器翻译

（3）清空译文：支持清空单句译文和清空所有译文。清空单句译文需选择特定句子；若需清空所有译文，可直接点选"清空所有译文"并在弹窗中确认（图 6 – 43）。

图 6 – 43　清空译文

（4）文本编辑：选中所需编辑内容，点选对应样式，包括加粗、斜体、下划线、上标、下标、字母大小写（所有单词首字母大写、所有单词首字母小写、全部大写、全部小写）。如需设置为无样式状态，点选"清空样式"即可（图 6 – 44）。

（5）添加术语：点选"添加术语"，选中原文术语与对应的译文术语后，点选"添加"即可完成操作（图 6 – 45）。

（6）筛选：单击，可获得译文具体信息，筛选出译者已确认的译文，查找译文来源、标记等都可以用此功能（图 6 – 46）。

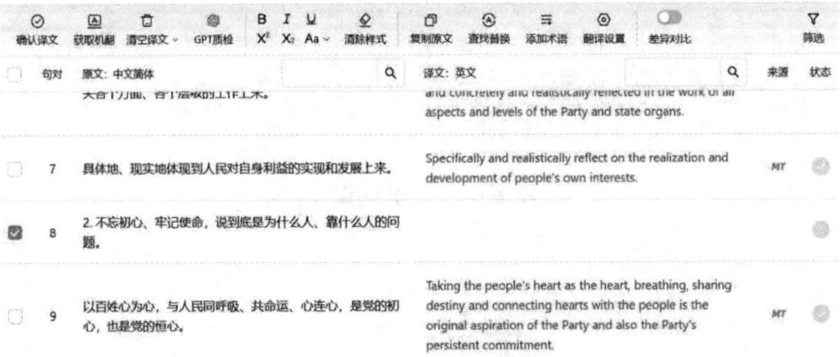

		句对	原文：中文简体		译文：英文		来源	状态

各个方面、各个层级的工作上来。

and concretely and realistically reflected in the work of all aspects and levels of the Party and state organs.

□	7	具体地、现实地体现到人民对自身利益的实现和发展上来。	Specifically and realistically reflect on the realization and development of people's own interests.	MT	⊘

☑	8	2. 不忘初心、牢记使命，说到底是为什么人、靠什么人的问题。			⊘

□	9	以百姓心为心，与人民同呼吸、共命运、心连心，是党的初心，也是党的恒心。	Taking the people's heart as the heart, breathing, sharing destiny and connecting hearts with the people is the original aspiration of the Party and also the Party's persistent commitment.	MT	⊘

图 6 - 44　文本编辑与清空样式

图 6 - 45　添加术语

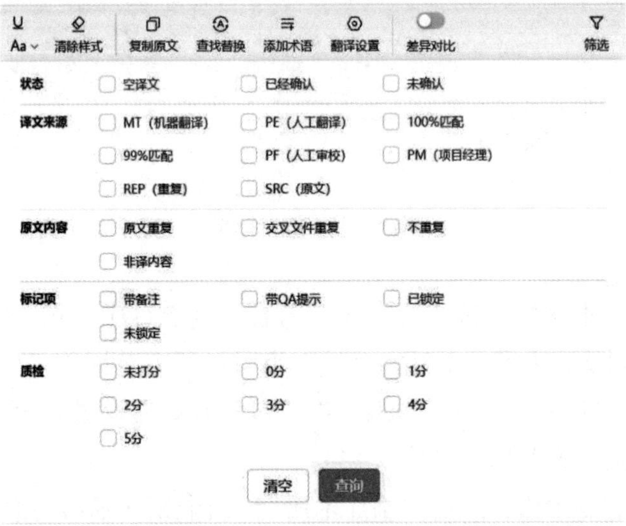

图 6 - 46　筛选功能

3. 右侧菜单栏

（1）提示：展示项目（协同或参考库）中包含的术语或语料与原文相匹配的内容。对于相匹配的译文，点选"应用"即可完成单个术语或语料的填充（图6-47）。（注：在机器翻译过程中术语语料匹配度达到100%将自动替换。）

图6-47　术语和语料库提示

（2）查词：查找原文的术语或语料，支持检索网络词语（图6-48）。

图6-48　查词

（3）记录选中句子的历史填充记录，并将其再次"应用"至译文（图6-49）。

（4）替换：首先点选"替换"，在第一栏搜索框中输入译文内容，

图 6-49 日志

在第二栏中输入修改内容，点选"开始查找"后，云译客将显示所有匹配内容，用户可逐个替换，也可一次性全部替换（图 6-50）。

图 6-50 替换

4. 底部栏

（1）原文预览：可根据选中的译文表格内容自动定位至下方原文（图 6-51）。

（2）QA 结果：每确认一句译文均须进行 QA 检查。选中具体译文可定位至 QA 检查结果。译文表格将标记 QA 错误。检查内容包括术语漏译、低错检查、拼写检查等（图 6-52）。

图 6 –51　原文预览

图 6 –52　QA 结果

5. 完成任务

项目管理人员或译员可在"任务中心"实时查看任务进度。当进度达到100%时，任务完成。相关人员可提交任务并预览、导出译文（图 6 –53、图 6 –54）。

图 6-53 确认译文

图 6-54 预览及导出

三 软件评价

云译客操作简易、界面清爽，是国内为数不多的几款较为成熟的计算机辅助翻译软件，具有以下几大特色与优势。

（一）人机互译

云译客是在线辅助翻译和机器翻译的融合与创新，AI 助力将人工单人翻译效率提升至两倍以上。这一功能集中体现在翻译引擎：（1）集成百度、小牛、新译、有道、必应等众多优秀通用机器翻译引擎；（2）预置多个经严格测评的行业专属机器翻译引擎，如金融证券、跨境电商、航空、电子信息工程、工程机械、医疗、法律、新闻等，实现共享数据、共建引擎、共享收益，变现语言资产，运用区块链技术为安全性及用户权益"保驾护航"；（3）翻译数据反哺 AI，机器翻译引擎进化为个人专属的孪生译员。

　　孪生译员与普通机器翻译引擎的区别主要在于两方面：首先，孪生译员是专属于译者的特有机器翻译引擎，能够学习译者的经验与技能，模拟译者的翻译思维，使用译者的语言资产，同时又受控于译者的自主管理；其次，孪生译员未来有望成为译者的新型工作方式：术语语料不易泄露，版权无忧；算法"消化"数据而非"拷贝"数据，有效保障语言资产的安全；人机共译的工作模式有助于带动资产流动变现。

　　孪生译员板块在 2023 年全新升级，可以根据译者勾选的初始术语库提供优质译文，还能实时更新术语，对当前译文润色。此外，润色给出了"轻、中、重"三种标准，便于译员选择合适的改写方式，提升译文的母语化程度。

（二）翻译质量

　　云译客的 Twinslator 多语工作模式从根本上提升翻译质量，减少译员的译后编辑工作量。软件以 WebCAT 功能作为数据入口，结合在线辅助翻译和机器翻译结果反馈，不断提升 Twinslator 自定义引擎的质量。

（三）语言数据资产化

　　云译客致力于实现文档术语语料的一站式管理，用户对语言资产的检索与维护方便快捷。在此基础上，依托区块链技术，通过引擎共建、数据确权、数据清洗、数据抽检及数据训练提高引擎质量，产生数据价值。较为成熟、完善的引擎不仅可以循环使用，还可供其他译员"有偿"调用，调用价格由译员自行决定。被调用的贡献值越大，收获的分红越多，译员的数字资产价值得以最大化。

（四）团队协作

　　得益于云译客的在线实时协作功能，项目进展情况一目了然，大大缩短了项目周期。具体而言，团队协作主要体现在以下三方面：首先，项目流程分为机器翻译、翻译和审校三项，项目负责人和成员按需选择，自动流转，高效协同工作。其次，云译客具有智能化 QA 检测功能，全程跟踪，降低质量风险。最后，在项目统计方面，系统会记录项目开展的全流程，并支持一键导出工作量报表，实现快速结算，有效避免纠纷。

同时云译客团队协作功能的特色进一步体现在 Twinslator 引擎的独特设计：（1）一对一形式：译员 + Twinslator 引擎；（2）多对一形式：译员团队共同训练垂直领域的 Twinslator 引擎；（3）多对多形式：众多译员为不同行业训练专业 Twinslator 引擎。

（五）赋能企业"走出去"

随着 Twinslator 理念的推广与丰富，企业多语信息处理中心为不同行业"走出去"提供了强有力的平台支撑，助力企业将单一语言服务的成本支出转化为语言资产的增值中心，形成具有数据服务能力的知识图谱，为企业增效、提速、资产积累、赋能、创收等方面提供有效的语言服务解决方案。①

尽管云译客特色鲜明、功能强大，但在很多方面仍有较大的提升空间。例如，Twinslator 多语工作模式尚处于试运行阶段，还需要通过提供具有核心竞争力的增值服务来不断优化。未来，我们期望云译客能够与时俱进、精益求精，继续为我国计算机辅助翻译领域的建设添砖加瓦。

练习题

练习1 运用云译客完成以下英译汉练习

（1）

Innovation will remain at the heart of China's modernization drive. We will improve the system in which the Party Central Committee exercises unified leadership over science and technology work. We will improve the new system for mobilizing resources nationwide to make key technological breakthroughs. We will boost China's strength in strategic science and technology, better allocate innovation resources, and better define the roles of national

---

① 引自 https：//baijiahao. baidu. com/s？id = 1643635381025070725&wfr = spider&for = pc。

research institutes, advanced-level research universities, and leading high-tech enterprises to improve their layout. We will establish a system of national laboratories, coordinate the development of international and regional centers for scientific and technological innovation, enhance basic scientific and technological capacity, and ensure better strategic input from the science and technology sector, so as to boost the overall performance of China's innovation system.

We will deepen structural scientific and technological reform and reform of the system for appraisal of scientific and technological advances. We will increase investment in science and technology through diverse channels and strengthen legal protection of intellectual property rights, in order to establish a foundational system for all-around innovation. We will nurture a culture of innovation, encourage dedication to science, cultivate fine academic conduct, and foster an enabling environment for innovation.

We will expand science and technology exchanges and cooperation with other countries, cultivate an internationalized environment for research, and create an open and globally-competitive innovation ecosystem. (Xi Jinping, *Hold High the Great Banner of Socialism with Chinese Characteristics and Strive in Unity to Build a Modern Socialist Country in All Respects: Report to the 20th National Congress of the Communist Party of China*)

(2)

Cultivating a large workforce of high-quality talent who have both integrity and professional competence is of critical importance to the long-term development of China and the Chinese nation. A wealth of talent is vital to the success of a great cause. We should follow the principle of the Party managing talent, and we should respect work, knowledge, talent, and creativity. We will adopt more proactive, open, and effective policies on talent and encourage our talent to love the Party, dedicate themselves to the country and contribute to its cause, and serve the people. We will improve the strategic distribution of human resources and make concerted efforts to cultivate talented people in all fields, so as to create a large, well-structured, and high-quality workforce.

We will move faster to build world hubs for talent and innovation, promote better distribution and balanced development of talent across regions, and strive to build up our comparative strengths in global competition for talent. We will speed up efforts to build a contingent of personnel with expertise of strategic importance and cultivate greater numbers of master scholars, science strategists, first-class scientists and innovation teams, young scientists, outstanding engineers, master craftsmen, and highly-skilled workers.

We will increase international personnel exchanges and make the best use of talent of all types to fully harness their potential. We will further reform the systems and mechanisms for talent development and ensure we value talented people, nurture them, attract them, and put them to good use. No effort should be spared and no rigid boundaries drawn in the endeavor to bring together the best and the brightest from all fields for the cause of the Party and the people. (Xi Jinping, *Hold High the Great Banner of Socialism with Chinese Characteristics and Strive in Unity to Build a Modern Socialist Country in All Respects：Report to the 20th National Congress of the Communist Party of China*)

练习 2　运用云译客完成以下汉译英练习

（1）

教育、科技、人才是全面建设社会主义现代化国家的基础性、战略性支撑。必须坚持科技是第一生产力、人才是第一资源、创新是第一动力，深入实施科教兴国战略、人才强国战略、创新驱动发展战略，开辟发展新领域新赛道，不断塑造发展新动能新优势。

我们要坚持教育优先发展、科技自立自强、人才引领驱动，加快建设教育强国、科技强国、人才强国，坚持为党育人、为国育才，全面提高人才自主培养质量，着力造就拔尖创新人才，聚天下英才而用之。

办好人民满意的教育。教育是国之大计、党之大计。培养什么人、怎样培养人、为谁培养人是教育的根本问题。育人的根本在于立德。全面贯彻党的教育方针，落实立德树人根本任务，培养德智体美劳全面发展的社会主义建设者和接班人。坚持以人民为中心发展教育，加快建设高质量教育体系，发展素质教育，促进教育公平。加快义务教育优质均衡发展和城乡一体化，优化区域教育资源配置，强化学前教育、特殊教育普惠发展，坚持高中阶段学校多样化发展，完善覆盖全学段学生资助体系。统筹职业教育、高等教育、继续教育协同创新，推进职普融通、产教融合、科教融汇，优化职业教育类型定位。加强基础学科、新兴学科、交叉学科建设，加快建设中国特色、世界一流的大学和优势学科。引导规范民办教育发展。加大国家通用语言文字推广力度。深化教育领域综合改革，加强教材建设和管理，完善学校管理和教育评价体系，健全学校家庭社会育人机制。加强师德师风建设，培养高素质教师队伍，弘扬尊师重教社会风尚。推进教育数字化，建设全民终身学习的学习型社会、学习型大国。（习近平，《高举中国特色社会主义伟大旗帜 为全面建设社会主义现代化国家而团结奋斗——在中国共产党第二十次全国代表大会上的报告》）

（2）

积极发展基层民主。基层民主是全过程人民民主的重要体现。健全基层党组织领导的基层群众自治机制，加强基层组织建设，完善基层直接民主制度体系和工作体系，增强城乡社区群众自我管理、自我服务、自我教育、自我监督的实效。完善办事公开制度，拓宽基层各类群体有序参与基层治理渠道，保障人民依法管理基层公共事务和公益事业。全心全意依靠工人阶级，健全以职工代表大会为基本形式的企事业单位民主管理制度，维护职工合法权益。

巩固和发展最广泛的爱国统一战线。人心是最大的政治，统一战线是凝聚人心、汇聚力量的强大法宝。完善大统战工作格局，坚持大团结大联合，动员全体中华儿女围绕实现中华民族伟大复兴中国梦一起来想、一起来干。发挥我国社会主义新型政党制度优势，坚持长期共存、互相监督、肝胆相照、荣辱与共，加强同民主党派和无党派人士的团结合作，支持民主党派加强自身建设、更好履行职能。以铸牢中华民族共同体意识为主线，坚定不移走中国特色解决民族问题的正确道路，坚持和完善民族区域自治制度，加强和改进党的民族工作，全面推进民族团结进步事业。坚持我国宗教中国化方向，积极引导宗教与社会主义社会相适应。加强党外知识分子思想政治工作，做好新的社会阶层人士工作，强化共同奋斗的政治引领。全面构建亲清政商关系，促进非公有制经济健康发展和非公有制经济人士健康成长。加强和改进侨务工作，形成共同致力民族复兴的强大力量。（习近平，《高举中国特色社会主义伟大旗帜 为全面建设社会主义现代化国家而团结奋斗——在中国共产党第二十次全国代表大会上的报告》）

第七章　译后编辑与质量保证

机器翻译的迅猛发展对译后编辑提出了更高要求。其中，机器翻译质量、自动译后编辑技术、翻译质量预测和人工译后编辑成为译后编辑的重要构成。

一　译后编辑

译后编辑指通过人工和部分自动化的方式，对机器翻译结果进行编辑及更正，能够让译后编辑的译文达到预期质量。机器翻译智能化虽然取得了长足进步，但机器翻译的译文质量依旧参差不齐，无法与人工翻译等量齐观。在提高机器翻译的准确性和可读性方面，译后编辑不可或缺。

本节遂以自动译后编辑和人工译后编辑两个部分为重点，对译后编辑及相关问题详细论述。

（一）自动译后编辑

1. 定义

尽管当前机器翻译的输出质量显著提升，但机器翻译译文依然存在诸多重复性错误。使用人工校对、修改又会降低翻译速度，增加人力投入。鉴于此，对高效率、低成本的追求使得自动译后编辑（Automatic Post-editing, APE）的重要性愈发凸显。

作为机器自学技术的一种，自动译后编辑大多采用数据驱动方法，使机器自动学习纠错规则。在学习过程中，自动译后编辑技术将机器翻译译文作为源语言文本，人工编辑后的文本作为目标语文本，然后基于统计学或者神经网络方法，训练、提升翻译模型。这既降低了成本，也提高了质量与效率。

2. 历史发展

在译后编辑技术发展初期，译员可借助独立抑或系统自带的译后编辑器，实现基本修改操作。这为译后编辑器的分析、统计功能的完善与发展奠定了基础。配备自动学习模块的机器翻译技术，能够引导用户使用特定的输入方式，便于机器自动学习。经分析和处理后，机器可将所学知识存储至知识库，避免系统重复犯错（杨沐昀等，2000：128—129）。但这种译后编辑缺乏灵活性，难以推广。故此，研究者提出设计一种独立于软件或系统的译后编辑模块，并根据不同系统的具体特点对其自定义设置。于是，自动译后编辑应运而生。

自动译后编辑这一概念于 1994 年由凯文·奈特（Kevin Knight）和伊什瓦尔·钱德（Ishwar Chander）提出。二人在处理日—英冠词选择时，引出了这一概念的雏形，而彼时学界的研究重点依然停留在基于规则的机器翻译。随着深度学习的逐渐流行，其应用范围也扩展至自动译后编辑，例如，萨米莎·帕尔（Sarmistha Pal）等（2016）利用双向递归神经网络编码器—解码器模型，构建单语机器翻译系统，实现自动译后编辑。金德里奇·利博维奇（Jindřich Libovický）等（2016）为源语言与机器翻译译文构建了双向的独立编码器，并将二者加权、融合后得到的上下文向量（word embedding）作为解码信息，进一步提高译文准确性。同年，马尔钦·强西斯多门德（Marcin Junc-zys-Dowmunt）和罗曼·格鲁德凯维茨（Roman Grundkiewicz）（2016）又对单语与双语神经机器翻译模型进行对数线性整合，使译文质量更臻完善。

与此同期，国内学者纷纷对自动译后编辑展开深入探讨：李梅、朱锡明（2013）基于汽车专业英汉翻译平行语料库，通过译后编辑的自动化处理，对具有规律性且出现频率较高的机器翻译错误加以过滤；

谭亦鸣等（2018）指出，自动译后编辑普遍存在过度修正问题。他以数据分析为基础，结合深度学习技术的最新成果，构建全新模型并验证其有效性，进一步优化了自动译后编辑技术。

3. 必要性与优点

理论上，机器学习技术虽可直接应用于机器翻译的编码与解码过程。但增设自动译后编辑仍有其必要性：一、机器翻译在解码过程中不易引入额外知识。任何翻译过程都存在不便于或者无法编码的信息，例如，专业领域的术语或者专业领域的文体特征等。二、替代人工完成重复性操作。由于机器翻译是从源语言到目标语的映射，输入、输出的内容具有一致性。一旦映射有误，机器翻译译文就会产生纰漏。这样的错误无法通过修改编码或解码进行修正。在此情况下，采用自动译后编辑较为适宜。（Rajen Chatterjee 等，2019：11）三、学习人工译后编辑对机器翻译结果的校正过程。自动译后编辑能够快速习得译后编辑人员的行为规则。因为文本中相似的语境会导致机器翻译错误类型具有相似性，译后编辑人员可对特定句子做出修改，同样适用于邻句，因此自动译后编辑系统在学习译员的行为规则后，编辑、修订效率将大大提高（转自 Chatterjee 等，2015：158）。四、对译文进行高质量调整。由于译文的用词及翻译风格无法编码，机器翻译译文并不适用于特定翻译任务。（Chatterjee 等，2019：11）

4. 基本原理

与机器翻译技术的发展轨迹相仿，自动译后编辑所用技术经历了基于规则、短语和神经网络的三个阶段。首先，基于规则的技术因采用了具体语言现象规则，能够对机器翻译的错误予以纠正。但翻译对象的复杂与多变决定了过往规则的片面性与时效性。相比于投入大量人力与时间成本，为所有语言制定对应的纠正规则，并不可取，而采用自动纠错的译后编辑方式无疑更具可行性。

自动译后编辑的学习过程可以形式化地表述为：给定源语言句子为 s，相应的机器翻译译文为 t。其系统会在所有可能的译后编辑译文集合 C(e) 中，检索最优译文 e（Michel Simard 等，2007：511）：

$$\hat{e} = \arg \max_{e \in C(e)} P(e \mid t, s)$$

不过，这种基于短语训练的 APE 系统忽略了源语言文本信息，难免具有局限性。

2011 年，汉娜·贝查拉（Hanna Béchara）等人采用对齐技术，将源语言文本和机器翻译译文中的字/词逐一配对，将源语言信息和机器翻译译文共同作为 APE 系统的输入数据。其实验结果证实了这一举措的有效性。（Chatterjee 等，2015：159）

但早期基于规则或者短语的方法在译后编辑工作中又存在不同程度的缺陷，这些问题因深度学习技术的引入得以解决。如今，较为常见的基于深度学习技术的自动译后编辑系统原型是 Transformer 结构和双向递归神经网络（Bidirectional Recurrent Neural Networks，BRNN）编码器—解码器模型。

（1）Transformer 结构

Transformer 这一概念由阿什什·瓦斯瓦尼（Ashish Vaswani）等人于 2017 年提出，该结构由编码器和解码器组成，能够利用注意力机制，有效获取全局信息（兰红等，2022）。作为一种深度学习的预训练算法，其技术来自人工智能的多个领域，包括计算机视觉和自然语言处理等，并首先在自然语言处理领域获得推广，成为当下最为通用的基本神经网络（图 7-1）。（转自张晓旭等，2021：1580）

Transformer 完全基于注意力机制提取内在特征，能够胜任各项自然语言处理任务。如以 Transformer 为基础的 Bidirectional Encoder Representation from Transformers（BERT）[1] 可以在没有人工干预的情况下，自动学习数据，并根据语境预测掩码词（John Devlin 等，2019）；通过 Transformer 结构，GPTs[2] 能够以自回归方式进行预训练，同时可整合大量文本数据对词意进行预测。（Ethan Perez 等，2021）

---

① BERT 是 2018 年 10 月由 Google AI 研究院提出的一种预训练模型，它建立在 Transformer 的基础之上，具备强大的语言表征能力和特征提取能力。

② 2018 年，由 Open AI 团队提出的一种基于 Transformer 的模型。

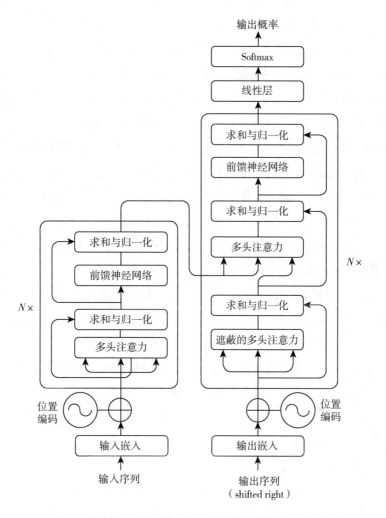

图 7 - 1　Transformer 网络模型架构图

　　在翻译项目中，针对某一特定领域对 Transformer 模型加以改进，有助于提升译文准确性。例如，融入术语信息的新能源领域的 Transformer 专利机器翻译模型。传统的神经机器翻译模型无法有效添加术语，而利用用户提供的术语词典训练神经机器翻译模型则弥补了这一不足。一般术语信息与机器翻译模型进行融合时，可以采取两种手段：其一，将源语言术语替换为目标语术语；其二，在源语言术语后增添目标语术语。（游新冬等，2021：76）

（2）双向递归神经网络

神经网络包含很多种分类，如深度神经网络（Deep Neural Networks，DNN）、卷积神经网络（Convolutional Neural Networks，CNN）、递归神经网络（Recurrent Neural Networks，RNN）等。其中，递归神经网络具有强大的时序建模能力，在机器翻译、文本分类等时序分析任务中表现出色。（李学龙、赵斌，2021：701）它可以处理序列数据，允许历史输入信息存储在网络的内部状态中，并将所有的历史输入数据映射到最终输出，但是单向RNN只能向前查看任意输入值，却无法建模。鉴于此，迈克·舒斯特（Mike Schuster）和库尔迪普·帕利瓦尔（Kuldip Paliwal）（1997）提出了双向递归神经网络，其中的两层隐藏层分别参与正向计算与反向计算。

递归神经网络翻译的核心理念在于以"端到端"模式构建模型，把源语言作为整体加以处理，促使机器自主学习语言特征，再通过递归神经网络映射自然语言。以此方式将翻译相关问题转变为构建基础条件概率，描述目标语的具体生成。通过递归神经网络设计编码器—解码器的机器翻译处理流程目前较为普遍（图7-2）。（转自王乔、严蕾，2020：39—40）

5. 常见自动译后编辑工具

当今，常见的自动译后编辑工具有以下三种：

（1）自动译后编辑器（Automatic Post-editors，APEs）

自动译后编辑器会使用算法纠正或改进机器翻译输出。简单来讲，自动译后编辑器的工作包含三步骤：一、错误检测（error detection），即系统自行检测错误；二、更正（correction），系统给出建议并对错误进行排序；三、插入（insertion），执行更正建议。所有自动译后编辑器的前两个步骤，其算法完全相同，第三步存在差异。

自动译后编辑器分为两种类型：基于规则的自动译后编辑器（rule-based APE）和反馈式自动译后编辑器（feedback APE）。基于规则的自动译后编辑器使用词对齐（Word Alignments），将机器翻译错误排名靠前的纠正插入到目标语句子当中。这种方法会重写（re-write）

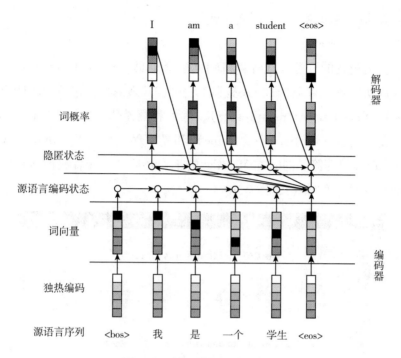

图 7-2 编码器—解码器框架

检测到的错误单词或短语，但不会修改句子的余下部分。反馈式自动译后编辑器则将每次更正的多个建议传递回至机器翻译系统，并允许机器翻译解码器在重译中对是否更正错误以及如何更正错误进行确认。（Kristen Parton 等，2012）

（2）MTrans Post-edit Booster[①]

作为 Trados 插件，MTrans Post-edit Booster 可以检测出机器翻译中常见的错误，如符号、大小写等，并进行相应替换。该工具适用于已连接至机器翻译引擎的 Trados 用户，自身具有如下优势：一、利用正则表达式查找、替换简单的字符串、执行高级查找和替换操作；二、与用户设备完全兼容，几乎不会对现有翻译工作环境做任何更改，也无需学习；三、通过导入/导出功能，允许团队内部共享定义文件，增

---

① 引自 https：//www. science. co. jp/english/machinetranslation/automaticpost-editingtool. html。

强多人协作翻译模式下的译文一致性。

（3）MateCat

作为免费的开源在线计算机辅助翻译工具，MateCat 的开发员均为翻译自动化领域的顶尖研究人员和工程师，其来源机构包括国际研究中心 FBK（Fondazione Bruno Kessler）、意大利翻译公司 Translated S. r. l.、法国勒芒大学（Université du Maine）和爱丁堡大学（The University of Edinburgh），等等。同时在 MateCat 的工作环境中，译后编辑活动可为机器提供学习素材（图 7 - 3）。

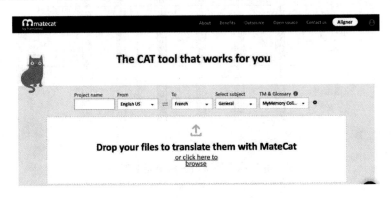

图 7 - 3　MateCat 界面

信息技术的进步和语言服务行业的繁荣是自动译后编辑发展的"原动力"。而深度学习及神经网络等技术的诞生，对其影响尤为深远。自动译后编辑不仅是提高机器翻译质量的重要途径，也是人机交互翻译的成功写照。虽然具备诸多优势，作为一个跨学科的新兴研究领域，自动译后编辑技术仍处于探索性阶段，加之目前机器翻译质量估计（Quality Estimation，QE）尚无统一的国际标准，对自动译后编辑系统的综合研判任重道远。

（二）人工译后编辑

在提高机器翻译质量的过程中，人工译员的数量与职业能力极为重要。目前，译后编辑除具有功能多样、自动化程度高、采用模块化设计等特征外，人机交互模式也是其一大亮点。未来有望在普适性、便捷性与个性化方面取得新的进步与突破。

1. 传统译后编辑与人工译后编辑

传统意义上的译后编辑是对机器翻译输出的初始译文进行修改与加工的过程，即狭义的译后编辑。（崔启亮，2014：68）而人工译后编辑与之相似，它指通过人工方式对机器翻译结果进行编辑与更正。二者的区别主要体现在以下两个方面：首先，在流程上，与传统译后编辑相比，人工译后编辑的流程增加了自动译后编辑这一环节。其次，与传统的单一手工劳动不同，人工译后编辑的途径不断更新，愈发重视"人""机"之间的合作，人机交互成为译后编辑工作的重要特点，即人与计算机之间通过某种交互方式实行信息交换。这一过程可以是人助机译、机助人译，以及人机互助，具体体现在译员的实操过程中，包括术语定义、词典查询、翻译作业、译后编辑、质量检视等内容。（崔启亮、雷学发，2016：50）那么人工译后编辑的必要性体现在哪里？最终的目标又是什么呢？

2. 人工译后编辑的必要性

人工译后编辑这一环节有其必要性，因为机器翻译技术的局限难以避免。在翻译过程中，机器注定无法取代人工。机器翻译的局限性可以从语义和语用两方面来理解（李晗佶、陈海庆，2020）。从语义角度来说，海量的数据储备不等于高超的理解力，机器翻译无法完全复制人脑的工作方式，也无法达到译员水平。翻译需要遵循源语言识别、语义理解与目标语产出的标准流程。而神经机器翻译与统计机器翻译的基本思路都是概率最大化。神经网络技术虽然受到了人脑工作方式的启发，但沿袭的路径仍属于计算科学而非神经科学领域。基于数据的神经机器翻译无法解决"语义问题"，技术研发者只能改进机器输出的结果。尽管人工智能技术的进步有目共睹，但始终未能在认知科学领域取得新突破。故此，当前计算机辅助翻译领域只是针对算法和硬件的改良与提升。

从语用角度来说，机器翻译缺乏对常识的理解，也难以跨越语境障碍，只能囿于基本单元、运算和关系以及优先级上都较为明确的语言处理，而由此引发的错误，只能通过人工纠正。例如，一位顾客在网站上发表了一条对餐厅的点评："Guys, stuff are so friendly here."有道翻译的结果是："伙计们！这里的东西都很友好。"此译文难免令读者感到困惑：友好是修饰人的形容词，为何在此搭配的主语是"东西"？事实上，是这位粗心的顾客误将"staff"（员工）拼成"stuff"（东西）。结合语境，译员可轻松识别这一错误并加以更正，而机器翻译却难以做到。（李晗佶、陈海庆，2020：124—125）

3. 人工译后编辑的终极目标

在人工译后编辑的过程中，译员的工作状态、模式能够以数据的形式反馈给机器，反之，译员也可以通过系统评估，预测最佳的翻译模式。所以，人工译后编辑的终极目标是在译员编辑之前，率先预测编辑过程所需投入的时间与精力，并将预测结果提供给译员。（Joke Daems 等，2015：31）为了实现这一目标，我们需要对人工译后编辑的工作量及其测量指标有所了解。

人工译后编辑过程中的工作量可从三个维度加以区分：时间（Temporal）维度、技术（Technical）维度和认知（Cognitive）维度（Hans Peter Krings，2001：178），也可以具体阐释为工作时间、技术操作和认知负荷。其中工作时间和技术操作可直接测量，而认知负荷无法客观呈现。（孟福永、唐旭日，2020：28）

工作时间指完成译后编辑工作所花费的时间，技术操作指统计工作人员在译后编辑过程中的具体操作，如删除、插入、重新组织，等等。早期测量的技术操作指的是计算人工编辑比率的值（Human-Targeted Edit Rate，HTER），但译员在实际译后编辑过程中存在大量无效操作，如修改之后又撤销等，HTER 无法反映这些操作。（Maarit Koponen 等，2012）因此，人工译后编辑的工作量大多通过软件记录编辑过程中的击键次数及鼠标操作进行统计。虽然业内关于数据收集的标准存有争议，但对技术操作进行量化仍具一定可行性。

而认知负荷只能通过间接手段测量。认知负荷指的是译后编辑过程中译员完成推理、做出决策所需承受的精神压力。测量认知负荷的方法包括统计工作时长和技术操作数量。工作时间越长，越说明译后编辑难度越高，对译员的脑力消耗越严重；同理，技术操作数量的多寡、机器翻译译文中的错误数量以及译员承受的精神压力也与认知负荷成正比。但早期的测量方法包括有声思维（Think-aloud Protocols, TAP）、选择网络分析（Choice-network Analysis）和译员评分，但近年来可计算的指标则更加常见，如停顿、生产单元、凝视等等。相较于主观性较强的测量方法，可计算的指标在一定程度上能够避免误差。此处对这三种指标进行简要介绍：

（1）停顿（Pause）

当两次译后编辑操作之间的间隔超过一定阈值时，这段间隔时间就可视作一次停顿。乔克·达姆斯（Joke Daems）等（2015：37）将阈值设置为1000ms，并发现机器翻译错误数量增加会导致停顿率与平均停顿率降低。可见，二者在一定程度上反映了译员的认知负荷。伊莎贝尔·拉克鲁兹（Isabel Lacruz）等（2014：75）还提出了与停顿相关的另一种指标——停顿对词比率（Pause to Word Ratio），并指出这一指标较停顿率和平均停顿率，能更加精确地反映译员的认知负荷。其计算方式如下：

$$停顿对词比率 = \frac{停顿次数}{词数}$$

（2）生产单元（Production Unit）

生产单元指在两次停顿之间进行的编辑操作。通过译员在一段源语言文本 s 上的平均生产单元数测量认知负荷。认知负荷越高，平均生产单元数就越低。这一过程可用公式表示为（Daems 等，2015：38）：

$$平均生产单元数 = \frac{译员在 s 上的生产单元数量}{s 包含的词数}$$

（3）凝视（Eye Fixation）

凝视文本的时长也能反映该文本对译员认知负荷的要求，因为大脑处理的内容实际上是眼睛所看到的事物。（Marcel Adam Just、Patricia A. Carpenter，1980）随着译后编辑任务复杂程度的上升，译员的编辑行为逐渐从阅读转变为翻译，其平均凝视时长和凝视次数也随之增加。（Arnt Lykke Jakobsen、Kristian Tangsgaard Hvelplund Jensen，2008）相比质量较佳的机器翻译译文，质量偏低的机器翻译译文需要的凝视次数更多，但二者的平均凝视时长无显著差异。译员在一段文本 s 上的平均凝视时长的计算方法如下（Stephen Doherty、Sharon O'Brien，2009：217）：

$$平均凝视时长 = \frac{在 s 上的总凝视时长}{在 s 上的凝视次数}$$

总之，提前预测人工译后编辑的工作量，再让译员做选择是一种理想化的工作模式，但目前仍处于初始研究阶段。这项研究不仅涉及人工译员复杂的心理活动，还关涉多种认知方式的转换。目前对该领域的认知较为有限，而单纯依靠某种指标衡量认知负荷未免过于片面，未来需要更具全面、综合的认知负荷测量方法。

4. 机器翻译错误类型及对人工译后编辑工作量的影响

人工译后编辑主要的工作目的就是修改机器翻译错误，机器翻译错误极大影响了人工译员的工作量。一般来讲，机器翻译错误可大致分为两类：基于语言学概念做出的分类；根据译员修改机器翻译译文做出的分类。（Krings，2001）

首先，基于语言学概念做出的分类大致可以追溯到大卫·维拉尔（David Vilar）等（2006）提出的五类机器翻译译文错误：漏词、词序和词语使用不当、未知词和标点符号使用错误。在这一分类的基础上，进一步衍生出许多其他的相关错误类型，其中伊琳娜·特姆尼科娃（Irina Temnikova，2010：3487）按人工译后编辑难度对错误类型的排序（表 7-1）较具影响力。

表 7-1　　　　　　　　　对机器翻译错误的分类与排序

错误排序（难度升高）	错误类型
1（形态类错误）	词正确，形式（曲折变化）错误
2（词汇类错误）	属近义词，风格错误
3（词汇类错误）	词错误

续表

错误排序（难度升高）	错误类型
4（未归类）	多词
5（未归类）	漏词
6（未归类）	习语翻译错误
7（句法类错误）	标点错误
8（句法类错误）	漏标点
9（句法类错误）	词层面的词序错误
10（句法类错误）	短语层面的词序错误

相比之下，另一种分类方法更为抽象——通过人工译后编辑工作时参考的信息来源对机器翻译错误做出分类。在这种方法下，机器翻译错误可根据语境分为机械类（Mechanical）错误和迁移类（Transfer）错误。前者不需要参考源语言文本就能修改，而后者需要。这两种错误可以进一步细分为五类：错译、省略或添加、句法、词语形态、标点，其中前三类错误需要的认知负荷量更高。（Lacruz 等，2014）此外，机器翻译错误还可分为不通顺类错误和不忠实类错误。前者只需观察源语言文本就能发现，如语法、句法、用词、拼写、语域风格、连贯性等等。后者需要对比原文和译文才能发现，包括歧义、术语不一致等。总之，译后编辑工作量指标能够通过不通顺类错误有效预测，从而让译员对人工译后编辑的工作更有把握，但不忠实类错误与译后编辑工作量的联系并不紧密。（Daems 等，2013）

值得注意，机器翻译的错误分类并没有明确标准，因为某一机器翻译错误类型在转换至其他情景后，可能就不再视作错误，或被划分到其他的类别中。我们不能据此认为，不同类型机器翻译错误与认知负荷之间存在关联，应该探索更为系统、科学的错误类型划分标准和认知负荷指标。

5. 人工译后编辑所需要的能力

译后编辑工作通常由译员担任。人们最初认为负责本阶段的工作人员无需掌握源语言，但很快发现事实并非如此。西莉亚·里科（Celia Rico）和恩里克·托雷洪（Enrique Torrejón）（2012）指出，译后编辑人员需至少具备两种能力——语言能力和工具能力，前者指双语交际与语篇能力、文化与跨文化能力以及相关领域知识，而后者则包括术语管理、词典维护、基本编程能力和机器翻译知识。马里特·科波宁（Maarit Koponen，2015）认为，译后编辑能力包括四种子能力——一般能力、技术能力、编辑能力和策略能力。其中，一般能力又包括语言能力、主题知识、跨文化能力、文献检索与分析能力等等；技术能力要求译者对相关技术秉持积极态度，具备软件应用能力，并深入了解机器翻译原理；编辑能力要求译者能够了解并修正典型的机器翻译错误；策略能力主要涉及评估数据来源能力和满足顾客需求能力。冯全功、刘明（2018）则将译后编辑能力分为认知、知识和技能三个维度：认知维度由"态度与信任、问题解决与决策行为、信息加工与逻辑推理等"构成；知识维度包括"语言、文化、主题、语篇、行业知识、机器翻译译后编辑、译前编辑编程知识"等；技能维度指的是"翻译、编辑、信息素养的整合运用，译后编辑能力的终极样态"。

虽然上述学者对译后编辑能力的阐述各有侧重，但都提到了译后编辑过程中语言、技术、策略的重要性。首先，目标语和源语言之间的思维转换、保证术语与风格的一致性、甄别错译、选择合适的用词搭配等，这些都需要译后编辑人员具备良好的双语能力和丰富的文化储备。其次，扎实的技术能力与工程知识是译后编辑的保障。高水平的译后编辑人员应熟知机器翻译和计算机辅助翻译原理、译后编辑工作流程、术语管理方法、不同系统和软件的特点等专业技术知识，从而选取适合的工具，了解常见的机器翻译错误类型，高效、精准地定位错误，提高译后编辑和修改的效率。最后，策略能力对译后编辑的影响同样不可忽视。译后编辑人员应当掌握一定的风险评估知识和危机处理能力，将客户需求同适用资源精准匹配。特别是对于自由译后编辑人员来说，同客户协商并为其提供咨询也是一项重要技能。简而言之，译后编辑人员应当将自身打造为紧随时代发展步伐的复合型人才。

（三）译后编辑展望

译后编辑发展空间广阔，其未来的发展方向大致可以从以下三个角度进行研判：

在技术层面，随着各种翻译技术的整合应用，译后编辑的运行环境将进一步朝集成化方向发展，各项技术的交叉使用已是大势所趋。此外，可广泛应用于特定领域或行业中的定制化机译系统有望问世，这会进一步缩减译后编辑的工作量，提高翻译准确率。

在教育方面，产、学、研合作将是未来译后编辑领域创新发展的重要动力。翻译产业或者语言服务行业的相关企业同高校翻译人才培养以及译后编辑研究的科研群体开展深入合作，促进技术创新所需的各种生产要素的有效结合，最终提升工作效率，促进经济发展。

在应用方面，随着机器翻译和深度学习等技术的进步，机器翻译与译后编辑所在的领域日趋广泛，为各行各业提供便利。其作用不仅将继续体现在传统领域，如技术文档翻译、专利翻译、本地化翻译等等，还会拓展到如影视翻译、跨境电商、境外旅游、网络社交、医疗卫生等新领域。

二 翻译质量保证

各行各业都将产品质量视为生存和发展的生命线，翻译行业亦是如此，大部分计算机辅助翻译软件都有质量保证这一重要模块。本节将从质量保证的定义与原则、检测工具和翻译质量管理体系三个方面深入探讨。

（一）定义与标准

1. 定义

在明确翻译质量保证的定义之前，需要清楚什么是翻译质量。关于翻译质量的定义并无确切的官方说法，长期以来，学术界的相关探讨囿于翻译活动过程，仅在较为有限的范围内对已有的各种理论和模型进行验证。（Joanna Drugan，2013：70）伴随着语言服务行业的高速发展，目前对翻译质量的评判大多强调以客户为导向，以满足客户的需求和期待为标准。2005年3月24日，国家质量监督检验检疫总局颁布了《翻译服务译文质量要求》，该要求明确指出，翻译质量本质上是指译文能否满足顾客明确提出的或顾客使用要求中客观包含的需求。具体来说，翻译质量体现在两个层面：一是语言质量（Linguistic），即译文语法、拼写、标点等应准确无误，且译文通达流畅；二是格式质量（Formatting），不仅要保证源语言文本格式不被破坏，还要符合目标语格式要求及其他相关要求。（Julia Makoushina，2007）简单来说，翻译质量可理解为一种语言翻译为另一种语言产品所满足要求的程度。

作为翻译工作的一个流程，翻译质量保证凭借着译员和审校员的专业知识对翻译工作加以监控，确保译文准确无误、流畅通顺。其主要活动是在译中和译后对译文进行查错、纠错，自身概念有广义和狭义之分。首先，广义的翻译质量保证概念包括了译前、译中、译后的每个阶段。译前包括术语提取与确认、重复句段提取与翻译、翻译风格确认等等；译中包括质量保证的实时检查、审校等；译后则涵盖一致性检查，特别是协作翻译的译文一致性检查、格式检查、功能测试等。狭义的翻译质量保证主要利用计算机辅助翻译软件的质量保证模块在译中、译后对译文进行检查，检查内容包括标点、符号、数字、空格、标记符、术语、禁用词、一致性，等等。

2. 翻译质量保证标准

在介绍具体的翻译质量保证标准之前，我们要明确翻译标准与翻译质量保证的区别。虽然二者均针对翻译的质量问题，但翻译标准，作为学术界的传统话题之一，主要集中在语言层面；而翻译质量保证的标准却随着翻译市场的发展而产生新的课题，同计算机科学等领域密不可分。我们也可以简单理解为：前者侧重理论探讨，主要关注语言质量；后者聚焦翻译实践，偏向更为宏观的翻译工程质量（包含语言质量）。随后，我们将重点讨论后者。

一个翻译项目中往往会使用多个翻译工具，所以数据不兼容是一个普遍问题。为了提高工作效率，不同组织制定了相关的质量保证标准。这些标准涉及记忆库、术语库和断句规则等领域，以及这些领域服务商之间的交换标准。此处我们将简要介绍 LISA 和结构化信息标准促进组织（Organization for the Advancement of Structured Information Standards，OASIS）制定的标准。

（1）翻译记忆交换标准

翻译记忆交换标准由本地化行业标准协会所属的 OSCAR（Open Standards for Container/Content Allowing Re-use）小组在 1998 年发布。翻译记忆交换标准是一套独立于各厂商的开放式可扩展标记语言标准，具体规定了翻译记忆库的数据格式、兼容性和存储方式等，使翻译记忆库能够重复调用、相互交换。

（2）术语库交换标准

2002 年 OSCAR 组织推出了术语库交换标准。这一标准便于用户在不同格式的术语库之间交换数据，不仅加速了术语管理全周期公司内外的数据处理，也有利于普通用户快捷访问大型公司的公开术语库。此外，国际标准组织设立了多项相关的国际标准，如《面向翻译的术语编纂》（GB/T 18895—2002）等。这些标准规定了建立术语库的一般原则与方法，适用于术语库的研究、开发、维护、管理以及其他涉及术语数据的处理工作，保证了翻译质量。

（3）断句规则交换标准

2004 年 OSCAR 组织又推出断句规则交换标准，并于 2011 年 7 月得到中国工业标准化协会的认可。该标准旨在解决本地化工具判别最小独立单元（"断句"）规则不一致的问题，确保源语言与目标语语言的正确性和唯一性，能够在不同计算机辅助翻译工具之间进行交换、重复使用。

（4）全球信息管理度量交换标准（Global Information Management Metrics eXchange，GMX）

这一标准由 LISA 制定，旨在统一本地化业务的度量规则，实现统一的翻译质量保证目标。作为一个综合性标准，全球信息管理度量交换标准包括三个子标准，即工作量（Volume，GMX-V）、复杂度

（Complexity，GMX-C）和质量（Quality，GMX-Q），其中，复杂度和质量这两个子标准尚不明确。工作量标准对本地化翻译所需的工作量和报价进行了精确定义。

（5）术语库交换链接标准（Term Link）

此标准也由 LISA 制定，旨在规范那些用于将 XML 文档中的嵌入式术语链接到外部数据库中的条目。由于在本地化处理中 XML 格式十分常见，若能将此格式文档需翻译的术语全部识别出来，并与术语库数据建立链接，那么本地化人员就能够便捷访问文件中引用的术语资源，术语翻译的效率和准确性将大大提高。

（6）XML 本地化数据交换格式

本地化质量保证技术贯穿本地化的所有流程，例如翻译、排版和测试等环节，可以全面保证本地化项目的质量。因此，明确本地化交换文档的格式标准十分必要。

2002 年，在原有的较为松散的"数据定义组"（Data Definition Group）基础上，结构化信息标准促进组织正式发布了 XML 本地化数据交换格式。该标准从繁杂的文件格式中分离出待本地化的文本，使得源语言文件可以使用不同的工具进行本地化处理，且该过程中支持用户添加有助于本地化处理的数据信息，如注释文字，最终实现了本地化数据交换格式从定制向统一的转变。（丁玫，2018：220—221）

（二）检测工具

本节将简要介绍几种常用的质量保证检测工具，该工具大致可分为三类：

1. 计算机辅助翻译软件自带的子工具

现代语言服务行业在机器翻译实践中普遍采用 CAT 工具，其中一些软件自带质量保证功能，能够满足翻译项目的部分要求。例如国外的计算机辅助翻译工具 Alchemy Catalyst、Trados Studio 2021、Déjà Vu、Wordfast、memoQ 等等，国内主要有雅信 CAT、传神 iCAT、朗瑞 CAT、雪人 CAT 等软件。这里以 memoQ 做具体示例。

memoQ 将翻译编辑功能、资源管理功能、翻译记忆、术语库等功能集于一身。其质量保证功能以全面、快捷，纠错范围广而著称。在译中阶段，memoQ 能启动拼写检查，纠正拼写错误；执行译文检查，对译文进行质量评估；标记错误类型，生成相关报告（图 7 - 4、图 7 - 5）。

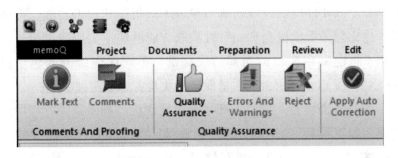

图 7 - 4 memoQ 质量保证模块

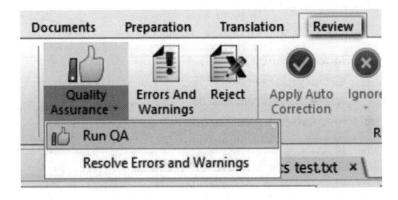

图 7 - 5 memoQ 质量保证启动按钮

2. 翻译质量保障专用工具

记忆库的大规模使用与推广，使得客户、语言服务提供商等对项目提交日期及译文质量的要求愈益严格。为了更高效地完成翻译质量保证工作，翻译技术开发商推出了 L10Checker、QA Distiller、ApSIC Xbench、ErrorSpy、TMXValidator、HtmlQA 等工具。此处以 ApSIC Xbench、ErrorSpy 为例。

（1）ApSIC Xbench

ApSIC Xbench 于 1993 年在西班牙巴塞罗那合资成立。在 2.9 版本前，ApSIC Xbench 是一款完全免费的自动翻译校对软件。当前，最新版本号为 3.0，新用户可享受 30 天免费试用期，试用期过后需缴纳 99 欧元年费。该软件提供高效的双语参考术语组织和搜索功能，特别适用于本地化翻译质量检查和一致性检查，能够快速生成质量报告，还支持用户自定义主窗口的布局、快捷键、不同优先级的颜色。根据 ApSIC Xbench 官方介绍，其质量保证板块具备如下四种功能：

a. 完全翻译检查。ApSIC Xbench 可甄别机器翻译翻译过程中的常见错误，如不一致（Inconsistency）、缺漏（Missing）、未修改的翻译（Unmodified Translations）、拼写错误（Spelling Errors）、数字（Numbers）或标签（Tags）不匹配、偏离关键术语（Deviations from Key Terminology）等等（图 7-6）。

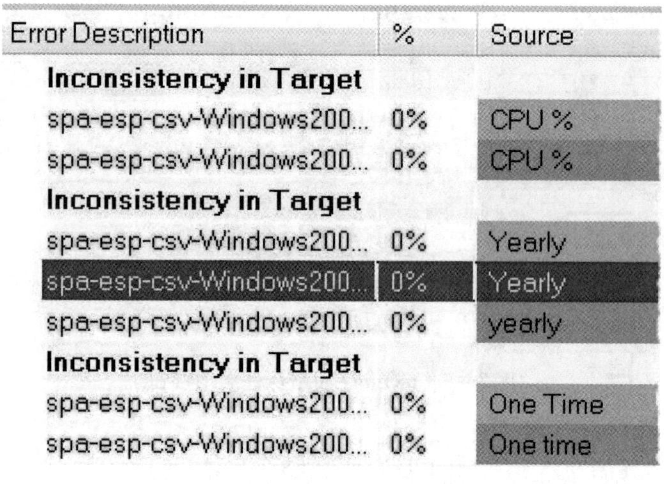

图 7-6　ApSIC Xbench 翻译检查模块

b. 拼写检查（Spell-checking）。通常情况下，译员需要检查数百个文件。虽然很多文件只包含几个错误单词，但相关工作对人力成本的消耗甚巨。ApSIC Xbench 可以一次加载所有文件，对其进行拼写检查，并只对存在拼写问题的文件加以编辑（图 7-7）。

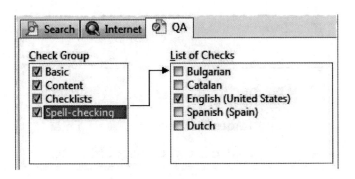

图 7 - 7　ApSIC Xbench 拼写检查模块

c. 自定义检查清单（Checklists）。ApSIC Xbench 的检查清单基于其搜索引擎。若 ApSIC Xbench 已有的检查操作不能满足用户需求，用户可通过自定义的方式添加并运行相关功能（图 7 - 8）。

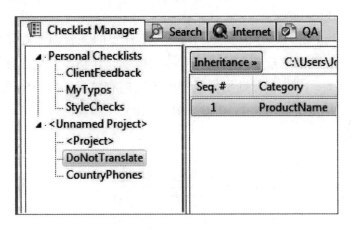

图 7 - 8　ApSIC Xbench 自定义检查清单

d. 可在有误的文件中直接编辑。ApSIC Xbench 发现译文有误时，用户可以直接右击，选择编辑源语言文件（Edit Source）（图 7 - 9）。该功能适用于大多数 CAT 格式，包括 Trados TagEditor、IBM Translation Manager、SDLX 或 MemSource。

此外，使用 ApSIC Xbench 需要注意以下三点：一、手动关闭程序。启动 ApSIC Xbench 后，该程序会在后台运行，用户需手动关闭；

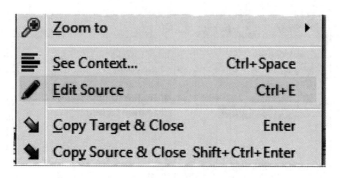

图 7 – 9   ApSIC Xbench 源语言文件编辑

二、质量保证只检查定义为 Ongoing Translation 的术语表；三、在 Ap-SIC Xbench 添加多个待检查文件时，需要保证这些文件彼此之间的源语言和目标语相互一致，如同为英—汉或者汉—英的文件。

（2）ErrorSpy

ErrorSpy 是 D. O. G. GmbH 于 2003 年开发的一款商业翻译质量保证软件，可辅助审校工作，自动对译文检查、评估，并生成评估报告和错误列表。其收费标准根据版本的不同略有差异，ErrorSpy 10 专业版的新用户免费试用期为 30 天（图 7 – 10）。

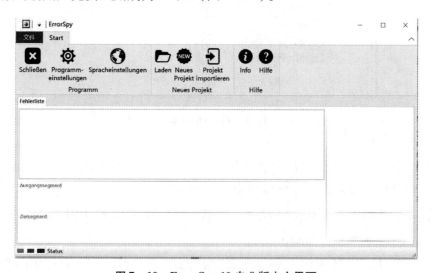

图 7 – 10   ErrorSpy 10 专业版本主界面

ErrorSpy 体积较小、功能强大，其自定义功能最受用户青睐。用户可根据自身需求，自行选择质量保证项目，包括术语（Terminology）、一致性（Consistency）、数字（Number）、完整性（Completeness）、标签（Tag）、首字母缩略词（Acronym）、排版（Typography）和漏译（Missing Translations）等。用户添加文件并选择自定义项目之后，即可完成检查，生成质量保证报告。

3. 通用校对工具

StyleWriter、Triivi、IntelliComplete、WhiteSmoke、Microsoft Word 校对模块、黑马校对等通用校对工具可以对基本语法、单词用法、拼写、标点符号、搭配等翻译问题进行检查和校对。

例如，StyleWriter 可以在 Windows、iOS、Mac 和 Android 设备上提供校对服务。该工具通过机器学习和先进的算法甄别译文错误，不仅能够解决拼写和语法问题，还可以帮助用户判断内容是否具有可读性，甚至提供简化建议（图 7 – 11）。

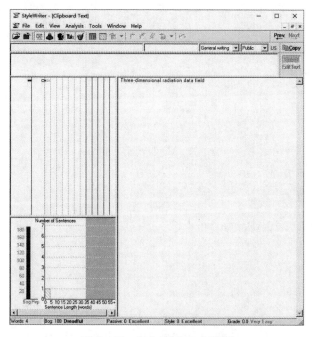

图 7 – 11 StyleWriter 主界面

通过本章论述不难发现，译后编辑始终是翻译工作的重要一环。机器与人工在其中扮演的角色互相依存、共同发展：无论使用何种译后编辑工具与方法，我们都始终需要译员或相应的管理人员在各个环节控制翻译质量。因此，二者之间持续不断的"较量"也将为我们带来更高效更科学的译后编辑流程和质量保证方案，同时继续为翻译领域带来新的发现。

参考文献

陈善伟：《翻译科技新视野》，清华大学出版社 2014 年版。

崔启亮：《论机器翻译的译后编辑》，《中国翻译》2014 年第 6 期。

崔启亮：《中国语言服务行业 40 年回顾与展望（1979—2019）》，《译苑新谭》2019 年第 2 期。

崔启亮、胡一鸣：《翻译与本地化工程技术实践》，北京大学出版社 2011 年版。

崔启亮、雷学发：《基于文本分层的人机交互翻译策略》，《当代外语研究》2016 年第 3 期。

丁玫：《计算机辅助翻译实用教程》，冶金工业出版社 2018 年版。

董新颖、梁琳琳：《多模态京剧术语库建设的原则、框架和实践路径》，《中国戏剧》2022 年第 5 期。

冯全功、刘明：《译后编辑能力三维模型构建》，《外语界》2018 年第 3 期。

冯志伟：《汉语单词型术语的结构》，《科技术语研究》2004 年第 1 期。

冯志伟：《汉语词组型术语的结构》，《科技术语研究》2004 年第 2 期。

凤凰新闻：《2019 年译协会年会圆满落幕，Transn 传神"链"接语言服务孪生智能未来》，https：//ishare. ifeng. com/c/s/7rZW8S3M0D4，2019 年 11 月 13 日。

龚双双、陈钰枫、徐金安、张玉洁：《基于网络文本的汉语多词表达抽取方法》，《山东大学学报》（理学版）2018 年第 9 期。

国家市场监督管理总局、中国国家标准化管理委员会：《翻译服务 机器翻译结果的译后编辑要求》，2021 年，GB/T 40036 – 2021。

国家市场监督管理总局、中国国家标准化管理委员会：《术语工作 原则和方法》，2019 年，GB/T 10112 – 2019。

兰红、陈子怡、刘秦邑：《基于 Transformer 实现文本导向的图像编辑》，《计算机应用研究》2022 年第 5 期。

李晗佶、陈海庆：《机器翻译技术困境的哲学反思》，《大连理工大学学报》（社会科学版）2020 年第 6 期。

李梅、朱锡明：《译后编辑自动化的英汉机器翻译新探索》，《中国翻译》2013 年第 4 期。

李学龙、赵斌：《视频萃取》，《中国科学：信息科学》2021 年第 5 期。

刘丽红：《翻译项目管理浅谈》，《科技与企业》2012 年第 24 期。

陆干、米凯云：《英汉句型转换翻译法》，《上海科技翻译》1995 年第 3 期。

罗选民：《论翻译的转换单位》，《外语教学与研究》1992 年第 4 期。

孟福永、唐旭日：《效率为先：机器翻译译后编辑技术综述》，《计算机工程与应用》2020 年第 22 期。

苗国义、刘明童、陈钰枫、徐金安、张玉洁、冯文贺：《融合小句对齐知识的汉英神经机器翻译》，《北京大学学报》（自然科学版）2022 年第 1 期。

潘学权：《计算机辅助翻译教程》，安徽大学出版社 2016 年版。

彭炳、胡景谱、刘怀远：《人工智能背景下人类译者在翻译行业中的 SWOT 分析》，《长沙大学学报》2021 年第 6 期。

钱多秀：《计算机辅助翻译》，外语教学与研究出版社 2011 年版。

全国翻译专业学位研究生教育指导委员会、中国翻译协会：《全国翻译专业学位研究生教育兼职教师认证规范》，2011 年。

全国翻译专业学位研究生教育指导委员会、中国翻译协会：《全国翻译专业学位研究生教育实习基地（企业）认证规范》，2011 年。

宋培彦、王星、李俊莉：《术语知识库的构建与服务研究》，《情报理论与实践》2014 年第 11 期。

Transn 传神：《第二届传神者大会在汉召开　共谋跨语言文化传播新生态》，https：//baijiahao. baidu. com/s？id = 1652961494350326456&wfr = spider&for = pc，2019 年 12 月 15 日。

谭亦鸣、王明文、李茂西：《基于翻译质量估计的神经网络译文自动后编辑》，《北京大学学报》（自然科学版）2018 年第 2 期。

唐旭日、张际标：《计算机辅助翻译基础》，武汉大学出版社 2020 年版。

王华树：《翻译技术教程》，商务印书馆 2017 年版。

王华树：《计算机辅助翻译实践》，国防工业出版社 2015 年版。

王华树：《浅议实践中的术语管理》，《中国科技术语》2013 年第 2 期。

王华树：《信息化时代的计算机辅助翻译技术研究》，《外文研究》2014 年第 3 期。

王华树：《中国语言服务企业术语管理调研：问题与对策》，《中国翻译》2018 年第 4 期。

王华树、刘明：《本地化技术研究纵览》，《上海翻译》2015 年第 3 期。

王华树、王少爽：《翻译场景下的术语管理：流程、工具与趋势》，《中国科技术语》2019 年第 3 期。

王华树、王少爽：《语料对齐技术的翻译应用研究》，《中国科技翻译》2017 年第 4 期。

王华树、王鑫：《人工智能时代的翻译技术研究：应用场景、现存问题与趋势展望》，《外国语文》2021 年第 1 期。

王乔、严蕾：《基于递归神经网络的英语翻译方法》，《自动化技术与应用》2020 年第 11 期。

习近平：《高举中国特色社会主义伟大旗帜　为全面建设社会主义现代化国家而团结奋斗——在中国共产党第二十次全国代表大会上的报告》，2022 年。

许汉成：《基于语料库的军事术语抽取方法初探》，《外语研究》2017 年第 5 期。

杨沐昀、李志升、于浩：《机器翻译系统》，哈尔滨工业大学出版社 2000

年版。

游新冬、杨海翔、陈海涛、孙甜、吕学强：《融合术语信息的新能源专利机器翻译研究》，《中文信息学报》2021年第12期。

余玉秀：《AI＋翻译：人工智能与语言行为人机耦合应用研究》，《传媒》2019年第8期。

袁劲松、张小明、李舟军：《术语自动抽取方法研究综述》，《计算机科学》2015年第8期。

翟羽佳、田静文、赵玥：《基于BERT-BiLSTM-CRF模型的算法术语抽取与创新演化路径构建研究》，《情报科学》2022年第4期。

张霄军、王华树、吴徽徽：《计算机辅助翻译：理论与实践》，陕西师范大学出版总社有限公司2013年版。

张晓旭、马志强、刘志强、朱方圆、王春喻：《Transformer在语音识别任务中的研究现状与展望》，《计算机科学与探索》2021年第9期。

张雪、孙宏宇、辛东兴、李翠平、陈红：《自动术语抽取研究综述》，《软件学报》2020年第7期。

中国翻译协会：《2016中国语言服务行业发展报告》，2016年。

中国翻译协会：《2018中国语言服务行业发展报告》，2018年。

中国翻译协会：《2019中国语言服务行业发展报告暨"一带一路"语言服务调查报告》，2019年。

中国翻译协会：《2020中国语言服务行业发展报告》，2021年。

中国翻译协会：《2022中国翻译及语言服务行业发展报告》，2022年。

中国翻译协会：《2022中国翻译人才发展报告》，2022年。

中国翻译协会：《本地化翻译和文档排版质量评估规范》，2016年。

中国翻译协会：《本地化服务报价规范》，http：//www.tac-online.org.cn/index.php？m＝content&c＝index&a＝show&catid＝389&id＝1237，2013年10月31日。

中国翻译协会：《本地化服务供应商选择规范》，http：//www.tac-on-line.org.cn/index.php？m＝content&c＝index&a＝sho w&catid＝389&id＝1236，2014年5月29日。

中国翻译协会：《本地化业务基本术语》，http：//www. tac-online. org. cn/index. php？m = content&c = index&a = show&catid = 389&id = 1238，2011 年 6 月 17 日。

中国翻译协会：《笔译服务报价规范》，http：//www. tac-online. org. cn/index. php？m = content&c = index&a = show&catid = 389&id = 1235，2014 年 9 月 18 日。

中国翻译协会：《多语种国际传播大数据服务 基础元数据》，2022 年。

中国翻译协会：《翻译服务　笔译服务要求》，2016 年。

中国翻译协会：《翻译服务　口译服务要求》，2018 年。

中国翻译协会：《翻译服务采购指南 第 1 部分：笔译》，2017 年。

中国翻译协会：《翻译服务采购指南 第 2 部分：口译》，2019 年。

中国翻译协会：《翻译培训服务要求》，2018 年。

中国翻译协会：《口笔译服务计价指南》，2021 年。

中国翻译协会：《口笔译人员基本能力要求》，2017 年。

中国翻译协会：《口译服务报价规范》，http：//www. tac-online. org. cn/index. php？m = content&c = index&a = show&catid = 389&id = 1234，2014 年 9 月 18 日。

中国翻译协会：《司法翻译服务规范》，2021 年。

中国翻译协会：《译员职业道德准则与行为规范》，2019 年。

中国翻译协会：《语料库通用技术规范》，2018 年。

中国翻译协会：《中国翻译服务业分析报告 2014》，2015 年。

中国翻译协会：《中国翻译年鉴 2005—2006》，2007 年。

中国翻译协会：《中国翻译年鉴 2007—2008》，2009 年。

中国翻译协会：《中国翻译年鉴 2009—2010》，2011 年。

中国翻译协会：《中国翻译年鉴 2011—2012》，2013 年。

中国翻译协会：《中国特色话语翻译 高端语料库建设 第 1 部分：基本要求》，2022 年。

中国翻译协会：《中国特色话语翻译 高端语料库建设 第 2 部分：系统架构》，2022 年。

中国翻译协会：《中国特色话语翻译 高端语料库建设 第 3 部分：抽样检验》，2022 年。

中国翻译协会：《中国语言服务行业发展规划 2017—2021》，2017 年。

中国翻译协会：《中国语言服务业发展报告 2012》，2012 年。

中国翻译协会：《专利文献翻译服务规范》，2022 年。

中国日报网：《云译客 V2.0 全面升级 解锁不一样的"Twinslator"》，https：//baijiahao. baidu. com/s？ id = 1643635381025070725&wfr = spider&for = pc，2019 年 9 月 3 日。

中华人民共和国国家质量监督检验检疫总局：《面向翻译的术语编纂》，2002 年，GB/T 18895 - 2002。

中华人民共和国国家质量监督检验检疫总局、中国国家标准化管理委员会：《翻译服务规范 第 1 部分：笔译》，2008 年，GB/T 19363. 1 - 2008。

中华人民共和国国家质量监督检验检疫总局、中国国家标准化管理委员会：《翻译服务规范 第 2 部分：口译》，2006 年，GB/T 19363. 2 - 2006。

中华人民共和国国家质量监督检验检疫总局、中国国家标准化管理委员会：《翻译服务译文质量要求》，2005 年，GB/T 19682 - 2005。

周伟：《计算机辅助翻译入门》，哈尔滨工程大学出版社 2017 年版。

周兴华：《计算机辅助翻译协作模式探究》，《中国翻译》2015 年第 2 期。

周兴华：《四款主流 CAT 软件翻译协作功能比较研究》，《中国翻译》2016 年第 4 期。

Alan Kenneth Melby and C. Terry Warner, *The Possibility of Language*：*A Discussion of the Nature of Language*, *with Implications for Human and Machine Translation*, Amsterdam and Philadelphia：John Benjamins Publishing Company, 1995.

Alan Kenneth Melby, "Eight Types of Translation Technology", 2018 - 11 - 05, http：//www. ttt. org/technology/8types. pdf.

Alan Kenneth Melby, "Multi-Level Translation Aids in a Distributed System", in Ján Horecky, ed. *Coling 82: Proceedings of The Ninth International Conference on Computational Linguistics*, Amsterdam, New York, Oxford: North-Holland Publishing Company, 1982.

Alan Kenneth Melby, "Design and Implementation of a Machine-assisted Translation System", *Equivalences*, No. 2, 1978.

ALPAC, *Language and Machines: Computers in Translation and Linguistics*, Washington, D. C. : Publication 1416, National Academy of Sciences, 1966.

Ankur P. Parikh, Oscar Täckström, Dipanjan Das and Jakob Uszkoreit, "A Decomposable Attention Model for Natural Language Inference", paper delivered to Proceedings of the 2016 Conference on Empirical Methods in Natural Language Processing, sponsored by Association for Computational Linguistics, Austin, 2016.

Anthony Pym, *The Moving Text: Localization, Translation, and Distribution*, Amsterdam and Philadelphia: John Benjamins Publishing Company, 2004.

Arnt Lykke Jakobsen and Kristian T. H. Jensen, "Eye Movement Behaviour Across Four Different Types of Reading Task", *Copenhagen Studies in Language*, No. 36, 2008.

Ashish Vaswani, Noam Shazeer, Niki Parmar, Jakob Uszkoreit, Llion Jones, Aidan N. Gomez, Lukasz Kaiser and Illia Polosukhin, "Attention Is All You Need", paper delivered to Proceedings of the 31st International Conference on Neural Information Processing Systems (NIPS' 17), sponsored by Curran Associates Inc. , New York, 2017.

Bert Esselink, *A Practical Guide to Software Localization*, Amsterdam and Philadelphia: John Benjamins Publishing Company, 2000.

Celia Rico and Enrique Torrejón, "Skills and Profile of the New Role of the Translator as MT Post-Editor", *Tradumàtica*, No. 4, 2012.

Chan Sin-wei, *The Future of Translation Technology: Towards a World without Babel*, London and New York: Routledge, 2017.

Ching Kheng Quah, *Translation and Technology*, New York: Palgrave Macmillan, 2006.

Colin, B., "TM/2: Tips of the Iceberg", *Language Industry Monitor*, 1993 – 05, https: //mt-archive. net. pdf.

David Vilar, Jia Xu, Luis Fernando D'Haro and Hermann Ney, "Error Analysis of Statistical Machine Translation Output", paper delivered to Proceedings of the 5th International Conference on Language Resources and Evaluation (LREC'06), sponsored by European Language Resources Association, Genoa, 2006.

DebbieFolaron, "Technology, Technical Translation and Localization", in Minako O'Hagan, ed. *The Routledge Handbook of Translation and Technology*, Oxon and New York: Routledge, 2020.

Ethan Perez, Douwe Kiela and Kyunghyun Cho, "True Few-shot Learning with Language Models", in Marc'Aurelio Ranzato, Alina Beygelzimer, Yann N. Dauphin, Percy S. Liang and Jennifer Wortman Vaughan, eds. *Advances in Neural Information Processing Systems* 34 (*NeurIPS* 2021), Neural Information Processing Systems Foundation, Inc. (NeurIPS), 2021.

Frank Austermühl, *Electronic Tools for Translators*, London and New York: Routledge, 2007.

Hanna Béchara, Ma Yanjun and Josef van Genabith, "Statistical Post-editing for a Statistical MT System", paper delivered to Proceedings of Machine Translation Summit XIII: Papers, sponsored by International Association for Machine Translation, Xiamen, 2011.

Hans Peter Krings, *Repairing Texts: Empirical Investigations of Machine Translation Post-Editing Processes*, Kent: Kent State University Press, 2001.

International Organization for Standardization, *Translation Services—Requirements for Translation Services*, UNE-EN ISO 17100 – 2015.

Irina Temnikova, "Cognitive Evaluation Approach for a Controlled Language Post-editing Experiment", paper delivered to A Proceedings of the Seventh International Conference on Language Resources and Evaluation (LREC'10), sponsored by European Language Resources Association, Valletta, 2010.

Isabel Lacruz, Michael Denkowski and Alon Lavie, "Cognitive Demand and Cognitive Effort in Post-Editing", paper delivered to Proceedings of the 11th Conference of the Association for Machine Translation in the Americas, sponsored by Association for Machine Translation in the Americas, Vancouver, 2014.

Jacob Devlin, Ming-Wei Chang, Kenton Lee, and Kristina Toutanova, "BERT: Pre-Training of Deep Bidirectional Transformers for Language Understanding", paper delivered to Proceedings of the 2019 Conference of the North American Chapter of the Association for Computational Linguistics: Human Language Technologies, (Volume 1: Long and Short Papers), sponsored by Minnesota: Association for Computational Linguistics, Minneapolis, 2019.

Jindřich Libovický, Jindřich Helcl, Marek Tlustý, Ondřej Bojar and Pavel Pecina, "CUNI System for WMT16 Automatic Post-Editing and Multimodal Translation Tasks", paper delivered to Proceedings of the First Conference on Machine Translation: Volume 2, Shared Task Papers, sponsored by Association for Computational Lingustics, Berlin, 2016.

Joanna Drugan, *Quality in Professional Translation: Assessment and Improvement*, London: A & C Black, 2013.

Johann Roturier, *Localizing Apps: A Practical Guide for Translators and Translation Students*, London and New York: Routledge, 2015.

John Hutchins, "Current Commercial Machine Translation Systems and Computer-based Translation Tools: System Types and Their Uses", *International Journal of Translation*, No. 1 – 2, 2005.

John Hutchins, "The Origin of Translator's Workstation", *Machine Translation*, No. 4, 1998.

Joke Daems, Lieve Macken and Sonia Vandepitte, "Quality as the Sum of Its Parts: A Two-Step Approach for the Identification of Translation Problems and Translation Quality Assessment for HT and MT + PE", paper delivered to Proceedings of the Second Workshop on Post-editing Technology and Practice, sponsored by European Association for Machine Translation, Nice, 2013.

Joke Daems, Sonia Vandepitte, Robert Hartsuiker and Lieve Macken, "The Impact of Machine Translation Error Types on Post-Editing Effort Indicators", paper delivered to Proceedings of the Fourth Workshop on Post-Editing Technology and Practice, sponsored by European Association for Machine Translation, Miami, 2015.

Juan C. Sager, *Language Engineering and Translation Consequences of Automation*, Amsterdam and Philadelphia: John Benjamins Publishing Company, 1994.

Julia Makoushina, "Translation Quality Assurance Tools: Current State and Future Approaches", paper delivered to Proceedings of Translating and the Computer, sponsored by The International Association for Advancement in Language Technology, London, 2007.

Kajetan Malinowski and Jaime Punishill, "The Future of the Localization Industry", *Multilingual*, No. 1, 2021.

Kevin Knight and Ishwar Chander, "Automated Post-Editing of Documents", paper delivered to Proceedings of the Twelfth AAAI National Conference on Artificial Intelligence (AAAI'94), sponsored by AAAI Press, Menlo Park, 1994.

Kristen Parton, Nizar Habash, Kathleen McKeown, Gonzalo Iglesias and

Adrià de Gispert, "Can Automatic Post-editing Make MT More Meaningful", paper delivered to Proceedings of the 16th Annual Conference of the European Association for Machine Translation, sponsored by European Association for Machine Translation, Trento, 2012.

Lommel, A., "The Localization Industry Primer (2nd edition)", 2004 – 06 – 09, https: //greatpower0. tripod. com/LISAprimer. pdf.

Lynne Bowker, *Computer-aided Translation Technology: A Practical Introduction*, Ottawa: University of Ottawa Press, 2002.

Ma Xiaoyi, "Champollion: A RobustParallel Text Sentence Aligner", in Claire Grover and Richard Tobin, eds. *Proceedings of the Fifth International Conference on Language Resources and Evaluation*, Genoa: European Language Resources Association, 2006.

Maarit Koponen, Wilker Aziz, Luciana Ramos, Lucia Specia, Jussi Rautio, Meritxell González, Lauri Carlson and Cristina Espa ñ a-Bonet, "Post-Editing Time as A Measure of Cognitive Effort", in Sharon O'Brien, Michel Simard and Lucia Specia, eds. *Proceedings of AMTA* 2012 *Work-Shop on Post-Editing Technology and Practice*, European Association for Machine Translation, 2012.

Maarit Koponen, "How to Teach Machine Translation Post-editing? Experiences from A Post-Editing Course", in Sharon O'Brien and Michel Simard, eds. *Proceedings of the Fourth Workshop on Post-Editing Technology and Practice*, Miami: European Association for Machine Translation, 2015.

Marcel A. Just and Patricia A. Carpenter, "Theory of Reading: From Eye Fixations to Comprehension", *Psychological Review*, No. 4, 1980.

Marcin Junczys-Dowmunt and Roman Grundkiewicz, "Log-linear Combinations of Monolingual and Bilingual Neural Machine Translation Models for Automatic Post-Editing", paper delivered to Proceedings of the First Conference on Machine Translation: Volume 2, Shared Task Papers, sponsored by Association for Computational Linguistics, Berlin, 2016.

Martin Kay, "The Proper Place of Men and Machines in Language Translation", *Machine Translation*, No. 1/2, 1980/1997.

Michal Kornacki, *Computer-assisted Translation (CAT) Tools in the Translator Training Process*, Berlin: Peter Lang, 2018.

Michel Simard, Cyril Goutte and Pierre Isabelle, "Statistical Phrase-Based Post-Editing", paper delivered to Human Language Technologies 2007: The Conference of the North American Chapter of the Association for Computational Linguistics; Proceedings of the Main Conference, sponsored by Association for Computational Linguistics, New York, 2007.

Miguel A. Jiménez-Crespo, *Localization and Web Translation*, London and New York: Routledge, 2013.

Miguel Ángel Bernal-Merino, *Translation and Localisation in Video Games: Making Entertainment Software Global*, London and New York: Routledge, 2014.

Mike Schuster and Kuldip Paliwal, "Bidirectional Recurrent Neural Networks", *IEEE Transactions on Signal Processing*, No. 11, 1997.

Peter J. Arthern, "Machine Translation and Computerized Terminology Systems: A Translator's Viewpoint", in Barbara M. Snell, ed. *Translating and the Computer: Proceedings of a Seminar*, London: North-Holland Publishing Company, 1979.

Project Management Institute, *A Guide to the Project Management Body of Knowledge* (5th edition), PA, USA: Project Management Institute, 2013.

Rajen Chatterjee, Christian Federmann, Matteo Negriand Marco Turchi, "Findings of the WMT 2019 Shared Task on Automatic Post-editing", paper delivered to Proceedings of the Fourth Conference on Machine

Translation (Volume 3: Shared Task Papers, Day 2), sponsored by Association for Computational Linguistics, Florence, 2019.

Rajen Chatterjee, Marion Weller, Matteo Negri and Marco Turchi, "Exploring the Planet of the APEs: A Comparative Study of State-of-the-Art Methods for MT Automatic Post-Editing", paper delivered to Proceedings of the 53rd Annual Meeting of the Association for Computational Linguistics and the 7th International Joint Conference on Natural Language Processing (Volume 2: Short Papers), sponsored by Association for Computational Linguistics, Beijing, 2015.

Santanu Pal, Sudip Kumar Naskar, Mihaela Vela and Josef van Genabith, "A Neural Network-Based Approach to Automatic Post-editing", paper delivered to Proceedings of the 54th Annual Meeting of the Association for Computational Linguistics (Volume 2: Short Papers), sponsored by Association for Computational Linguistics, Berlin, 2016.

Stephen Doherty and Sharon O'Brien, "Can MT Output Be Evaluated Through Eye Tracking", *paper delivered to Proceedings of MT Summit XII, sponsored by International Association for Machine Translation, Ottawa,* 2009.

William A. Gale and Kenneth Ward Church, "A Program for Aligning Sentences in Bilingual Corpora", *Computational Linguistics*, No. 19, 1993.

Xi Jinping, *Hold High the Great Banner of Socialism with Chinese Characteristics and Strive in Unity to Build a Modern Socialist Country in All Respects: Report to the 20th National Congress of the Communist Party of China*, Beijing: Foreign Languages Press, 2022.